AF258713

ARTILLERIE DE CAMPAGNE

LA MANŒUVRE APPLIQUÉE

Commandant J. CHALLÉAT

ARTILLERIE DE CAMPAGNE

LA MANŒUVRE APPLIQUÉE

AVEC 42 FIGURES DANS LE TEXTE

PARIS
HENRI CHARLES-LAVAUZELLE
Éditeur militaire
124, Boulevard Saint-Germain, 124
MÊME MAISON A LIMOGES
1915

TABLE DES MATIÈRES

11e EXERCICE.

OCCUPATION DE LA POSITION.

12e EXERCICE.

OPÉRATIONS DIVERSES PENDANT LE COMBAT.

13e EXERCICE

OPÉRATIONS DIVERSES PENDANT LE COMBAT.

14e EXERCICE.

INTRODUCTION

Un règlement de manœuvre ne peut édicter que des règles *impératives* et partant très générales; il ne peut imposer que des dispositions bien connues et ayant fait leurs preuves. Notre Règlement de manœuvre du 8 septembre 1910 est conforme à ces principes.

Un ouvrage comme celui que nous présentons ici, n'est pas soumis aux mêmes restrictions. Dépourvu du caractère officiel, il peut, sans diminuer l'initiative voulue par le Règlement, donner des conseils et indiquer des procédés, puisque chacun est libre de les accepter ou non; il peut aussi proposer des solutions à des problèmes qu'il eût été au moins prématuré de résoudre lors de l'élaboration du Règlement.

Des schémas eux-mêmes peuvent y être avantageusement introduits.

Mais, qu'on adopte ou non nos propositions, il est bien certain que le Règlement a besoin d'être complété, surtout en ce qui concerne la manœuvre du groupe de batteries.

Comme l'a justement fait remarquer le *lieutenant-colonel Buat*, chaque chef d'escadron fait, en réalité, des conventions orales ou écrites avec son lieutenant adjoint et ses capitaines. *Avant qu'il l'ait fait, tout reste vague* (1).

Or, peu nombreux sont nos groupes commandés pendant plus de deux ans par le même chef d'escadron. Donner à ce dernier, dès le début de son commandement, une base très complète pour l'exercice de ses fonctions est donc une nécessité indiscutable. C'est le but que nous nous sommes proposé.

Nous nous sommes d'ailleurs scrupuleusement abstenu de toute disposition qui pourrait être contraire à la lettre ou à l'esprit du Règlement. Ce n'est pas que nous pensions qu'un règlement ne soit jamais perfectible, mais nous estimons qu'il doit être respecté dans les corps de troupe, si l'on ne veut pas y semer le trouble et l'indécision. L'étude *pratique* de procédés basés sur des principes différents de ceux qui sont admis par le Règlement doit, pour ce motif, être exclusivement réservée aux commissions compétentes, et les essais en grand confiés aux seuls corps de troupe désignés par le Ministre.

Les solutions que nous proposons sont donc d'accord avec le Règlement, mais nous ne saurions prétendre que cette qualité suffise à les rendre parfaites. Certes, elles sont déduites de nombreuses expériences faites dans des

---

(1) Lieutenant-colonel BUAT, *Procédés de commandement du groupe de batteries sur le champ de bataille* (1912).

terrains très variés (environs de Vincennes, du camp de Coëtquidan et de Castres), mais il est toujours imprudent de généraliser des procédés qu'on n'a vu réussir que dans un petit nombre de régions particulières. Aussi serions-nous reconnaissant aux camarades de toutes armes qui voudraient bien nous faire part des réflexions que leur aurait suggérées l'application de nos propositions à des cas concrets. Nous en tiendrions compte, le cas échéant, dans une autre édition.

Pour la rédaction de ce volume, nous avons adopté une division en exercices de préférence à une division en chapitres, afin de mieux mettre en évidence un programme détaillé d'instruction pour tout le personnel du groupe. Chaque exercice comporte plusieurs séances : les unes au quartier, les autres à l'extérieur; il nécessite donc pour son étude *au moins* une semaine et souvent deux. On voit par là combien il importe de commencer, *dès le mois d'octobre*, l'instruction des cadres, si l'on veut qu'elle soit terminée lorsque les recrues seront mobilisables.

Pendant l'instruction le commandant fait remplir parfois ses fonctions par un capitaine, de façon à mieux diriger et surveiller l'ensemble, mais il évite d'en abuser afin que chacun reste dans son rôle.

Nous avons eu soin d'indiquer le personnel

nécessaire à l'exécution de chaque exercice, mais il ne faut pas craindre d'y faire participer le plus grand nombre possible de gradés, *même s'ils n'y sont pas intéressés directement*. Les ordres sont mieux exécutés, en effet, par un personnel qui en connaît mieux le but. Ce personnel peut même provoquer ces ordres lorsqu'il les juge utiles pour l'accomplissement des fonctions dont il est chargé.

Les applications à faire au quartier pourront comprendre quelques exercices exécutés, les uns sur une carte à très grande échelle des environs de la garnison, et les autres sur des croquis perspectifs, chacun expliquant à son tour ce qu'il fait ou les ordres qu'il donne, et marquant, le cas échéant, sur la carte, la place qu'il occuperait avant et après l'exécution des ordres donnés (1).

Nous nous sommes borné le plus possible à l'étude de la manœuvre appliquée du groupe, mais nous n'avons pu éviter de nombreuses incursions dans le domaine de *la tactique qui domine tout*. Toutes les fois que les artilleurs ont fait du tir sans tactique, ils ont eu tort, comme lorsque, pour réagir, ils ont fait de la

---

(1) On peut organiser à cet effet un jeu d'épingles portant près de la tête de petits carrés de bristol sur lesquels on dessine l'insigne des fonctions des divers gradés. Ces carrés peuvent être de couleurs différentes pour l'état-major du groupe et pour chacune des batteries.

tactique sans tir ; et ils auraient encore tort de négliger aussi les procédés de manœuvre.

La tactique domine évidemment la manœuvre et le tir, mais elle ne saurait suppléer à leur exécution défectueuse.

Certains des procédés indiqués dans les divers exercices pourront paraître d'abord compliqués ; mais que le lecteur ne se laisse pas rebuter, qu'il suive la progression jusqu'au bout, en ne passant d'un exercice au suivant qu'après que le premier aura été bien compris, et il sera agréablement surpris, à la fin, de voir tout se simplifier dans l'exécution (1). C'est qu'à ce moment il aura formé ses réflexes et celles de ses cadres.

Ayant beaucoup réfléchi sur des cas et des terrains très variés, il ne sera jamais embarrassé. Qu'il évite surtout de suivre les conseils du mauvais génie de la paresse et ne se dise pas :

« Les solutions proposées sont trop difficiles pour être pratiques, donc je ne fais rien et j'aviserai comme je pourrai. »

Au contraire, plus une question paraît difficile, plus il faut l'étudier et ne se tenir pour satisfait que lorsque toute difficulté a disparu.

---

(1) Nous avons d'ailleurs mis les calculs en notes et le lecteur pressé peut les négliger sans inconvénient.

1er EXERCICE [1].

**Composition du groupe sur le pied de guerre.
Ordre en colonne de route. — Longueur du groupe
en colonne.**

I. — COMPOSITION DU GROUPE.

Le groupe sur pied de guerre comprend :

Un état-major de groupe;

Et 3 batteries sur pied de guerre.

La composition d'une batterie est connue. On sait qu'elle comprend : la *batterie de tir, l'échelon de combat* et le *train régimentaire.*

A l'état-major du groupe comptent :

1°) *Un personnel de 7 officiers, savoir :*

1 chef d escadron, 4 lieutenants adjoints dont 3 de réserve 1 médecin et 1 vétérinaire.

2°) *Un personnel de troupe, savoir :*

---

(1) *Règlement de manœuvre :*
Titre I, annexe 2, n°° 19 et 21.
Titre IV, annexe 3, n°s 1 à 3, n° 28 et instruction relative au téléphone.
Titre V, n°° 63, 64, 65, 66 et 69.
Titre VI, n°° 79, 80, 81, 82, 83, 88, 89, 94 et 49.
Cet exercice intéresse tous les gradés du groupe. Il doit comprendre des séances d'interrogation et au moins une séance de démonstration. Pour cette dernière, le groupe aura avantage à aller sur le champ de manœuvre et à s'y former en colonne par pièce sur un grand cercle. Les divers chefs hiérarchiques du groupe pourront ainsi facilement et successivement montrer à leurs subordonnés immédiats les divers éléments du groupe à leur place normale sur les routes hors de la proximité de l'ennemi. Ils pourront ensuite montrer de la même façon et en procédant par comparaison, l'ordre de marche du groupe en colonne par pièce lorsque l'ennemi est à proximité.

a) Les 7 ordonnances des officiers ci-dessus;

b) Un personnel de troupe pour le service de santé, comprenant :

1 médecin auxiliaire, 1 brigadier infirmier, 1 brigadier brancardier, 1 conducteur de voiture médicale à 2 roues;

c) Un personnel de troupe pour le service des vivres et des bagages, comprenant :

1 boucher et 1 conducteur de voiture à viande (groupes impairs seulement) et 2 conducteurs conduisant chacun un fourgon à vivres et à bagages.

d) Un personnel pour la voiture-observatoire du groupe, comprenant deux conducteurs à la daumont.

Les trois servants montés sur l'avant-train de la voiture observatoire n'appartiennent pas à l'état-major du groupe; ils sont fournis par les batteries, à raison d'un par unité, au même titre que les agents de liaison et les éclaireurs. Ces servants doivent connaître la manœuvre de l'échelle ainsi que la signalisation.

En principe, le conducteur de devant de la voiture-observatoire en est en même temps le chef, mais le commandant peut désigner pour ces fonctions un des gradés dont il dispose.

e) Un vélocipédiste qui peut être maréchal des logis, brigadier ou canonnier.

Le personnel d'officiers est destiné :

Le chef d'escadron, au commandement du groupe;

Le lieutenant adjoint de l'armée active, à des

missions spéciales qui seront indiquées dans le cours des exercices suivants;

Un officier de réserve, au commandement des échelons des trois batteries;

Un officier de réserve, à la liaison du lieutenant-colonel et du commandant de groupe;

Un officier de réserve (officier d'approvisionnement), au commandement du train régimentaire du groupe;

Le médecin et le vétérinaire, au service de santé des hommes et des chevaux.

Le personnel de troupe, administré par la 1re batterie du groupe, compte dans les pièces de l'échelon de combat de cette batterie, sauf l'ordonnance de l'officier d'approvisionnement qui compte à la 9e pièce, afin de faire partie du train régimentaire, comme l'officier auquel il est affecté.

L'effectif en chevaux de l'état-major du groupe est de 8 chevaux d'officiers et 11 d'attelage (9 pour les groupes de numéros pairs). Les chevaux d'attelage sont destinés : 1 à la voiture médicale, 2 à la voiture à viande, 4 aux fourgons et 4 à la voiture-observatoire.

II. — ORDRE EN COLONNE DE ROUTE.

En principe, le groupe marche sur les routes, les voitures les unes derrière les autres sur une seule file, prenant ainsi *l'ordre en colonne par pièce* qui est le moins encombrant pour la circulation le long de la colonne.

Exceptionnellement, si la route est très large et

s'il est indispensable de raccourcir la formation, on peut adopter l'*ordre en colonne par pièces doublées* dans lequel les voitures marchent sur deux de front.

Dans les colonnes de route, les batteries de tir se suivent dans l'ordre prescrit par le commandant et, à défaut de prescription à ce sujet, dans l'ordre de leurs numéros.

Les échelons de combat sont réunis à la suite du *groupe des batteries de tir*, dans le même ordre que les batteries correspondantes, pour constituer le *groupe des échelons de combat* auquel sont rattachées la voiture à viande, s'il y a lieu, et la voiture médicale à deux roues.

L'ensemble des deux groupements porte le nom de *groupe des batteries de combat.*

Les trains régimentaires des trois batteries sont également groupés et réunis aux deux fourgons de l'état-major du groupe, pour former le *train régimentaire du groupe.* Ce train ne rejoint le groupe des batteries de combat que dans les cantonnements ou au bivouac.

Encadré dans une colonne de troupes de toutes armes et hors de la proximité de l'ennemi, le groupe marche dans l'ordre détaillé ci-après :

Le chef d'escadron, ayant à sa gauche ou immédiatement derrière lui le lieutenant adjoint, est suivi, à 4 mètres, des quatre agents de liaison qui lui sont envoyés, dès la formation de la colonne, par les batteries et par le groupe des échelons. Derrière l'agent des échelons marche le trompette du chef d'escadron. Ce trompette, détaché de la 1re batterie du groupe, est destiné, en principe, à tenir le cheval du commandant lorsqu'il met pied à terre; il l'accompagne, d'ailleurs, dans tous ses déplacements.

Derrière les agents de liaison et sur deux ou trois rangs viennent les éclaireurs qui comprennent, lorsqu'ils sont au complet, un maréchal des logis, un brigadier et un trompette détachés de chacune des batteries. Les maréchaux des logis et les brigadiers éclaireurs sont munis chacun d'un bloc-notes, d'un crayon et d'une montre réglée sur celle du commandant de groupe.

D'après le Règlement, le capitaine de la batterie de tête devrait marcher à 10 mètres en arrière du chef d'escadron, mais cela suppose évidemment que ce dernier n'est suivi que des agents de liaison et de son trompette. On peut admettre que, si d'autres cavaliers, comme les éclaireurs, sont appelés à marcher en tête du groupe, c'est des derniers de ces cavaliers qu'il faut compter la distance de 10 mètres. C'est ce que fait l'*Aide-mémoire de l'officier d'état-major*, n° 199.

La distance entre les batteries est de 20 mètres; elle est comptée de la tête des chevaux de la première voiture, à l'arrière de la dernière voiture de la batterie qui précède.

Le groupe des échelons suit, dans la même formation et à 30 mètres de distance, le groupe des batteries de tir.

Dès que la colonne est formée, chaque commandant d'échelon envoie à son capitaine le brigadier agent de l'échelon, de même que le commandant des échelons envoie au commandant de groupe le maréchal des logis agent des échelons. Ces agents rendent compte de leur arrivée aux officiers auxquels ils sont envoyés et prennent ensuite la place qui leur est assignée dans la colonne des batteries de tir, savoir :

L'agent des échelons à la gauche des agents de liaison, et chaque brigadier agent d'échelon à la gauche du brigadier de tir de sa batterie.

La voiture-observatoire marche derrière le capitaine commandant la batterie de tête comme si elle était la première voiture de cette batterie.

Les figures 1, 2, 3 ci-après donnent en détail l'ordre de marche du groupe sur une route et hors de la proximité de l'ennemi. Elles supposent que, pour le service du téléphone et son transport à cheval dans les reconnaissances, l'effectif actuel de chaque batterie a été augmenté d'un brigadier et de deux garde-chevaux montés.

Avec cette augmentation d'effectif, la question du service téléphonique serait complètement résolue, même avec la dotation qui vient d'être adoptée, savoir deux jeux par batterie, chaque jeu comprenant deux postes et deux dérouleuses.

Toutefois, comme cette augmentation pourrait ne pas se réaliser, une solution provisoire de la question est indiquée plus loin :

Fig. 1

Groupe en colonne par pièce

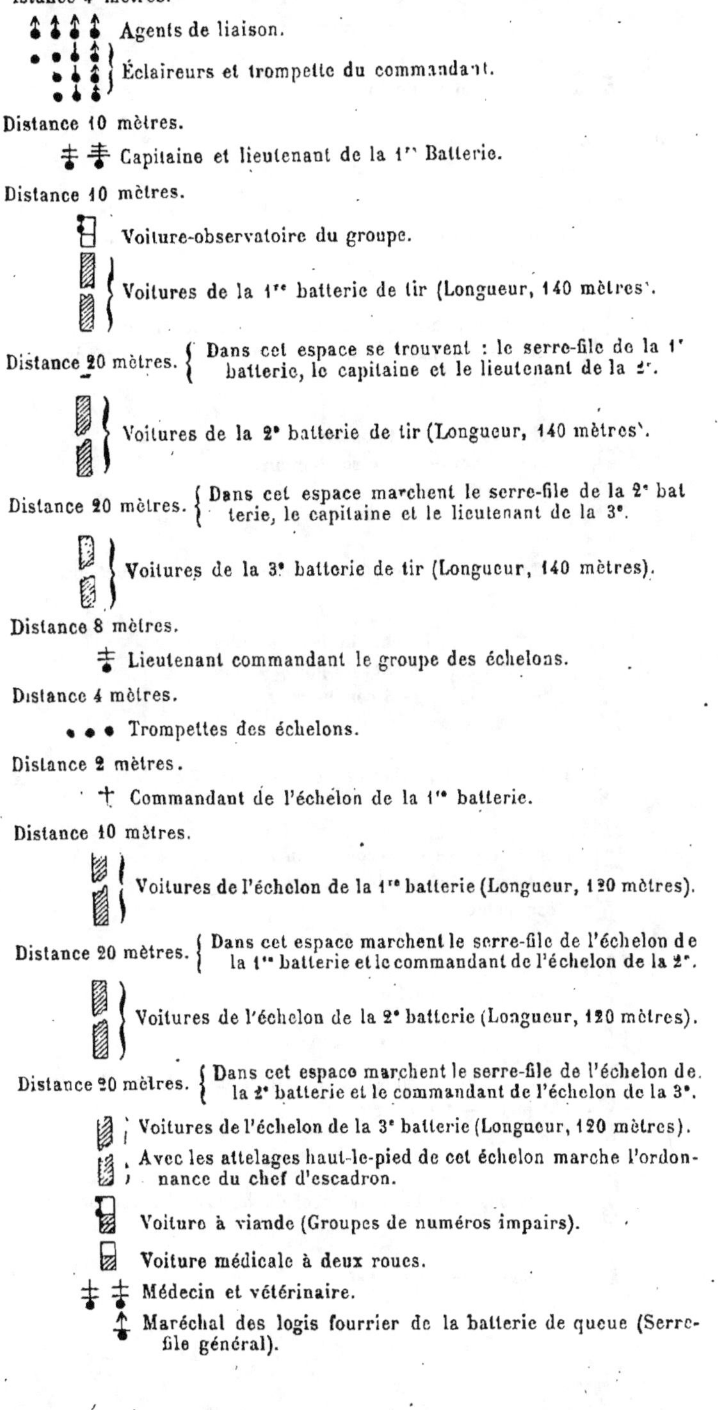

Fɪɢ. 2

Batterie de tir en colonne par pièce

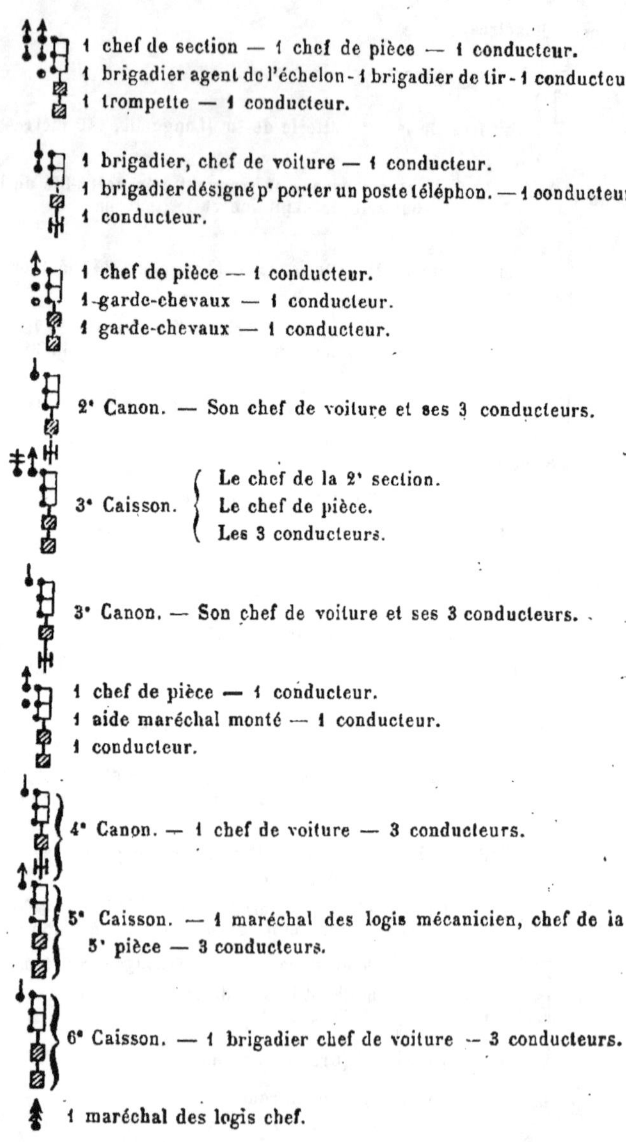

Fig. 3

Échelon de Combat en colonne par pièce

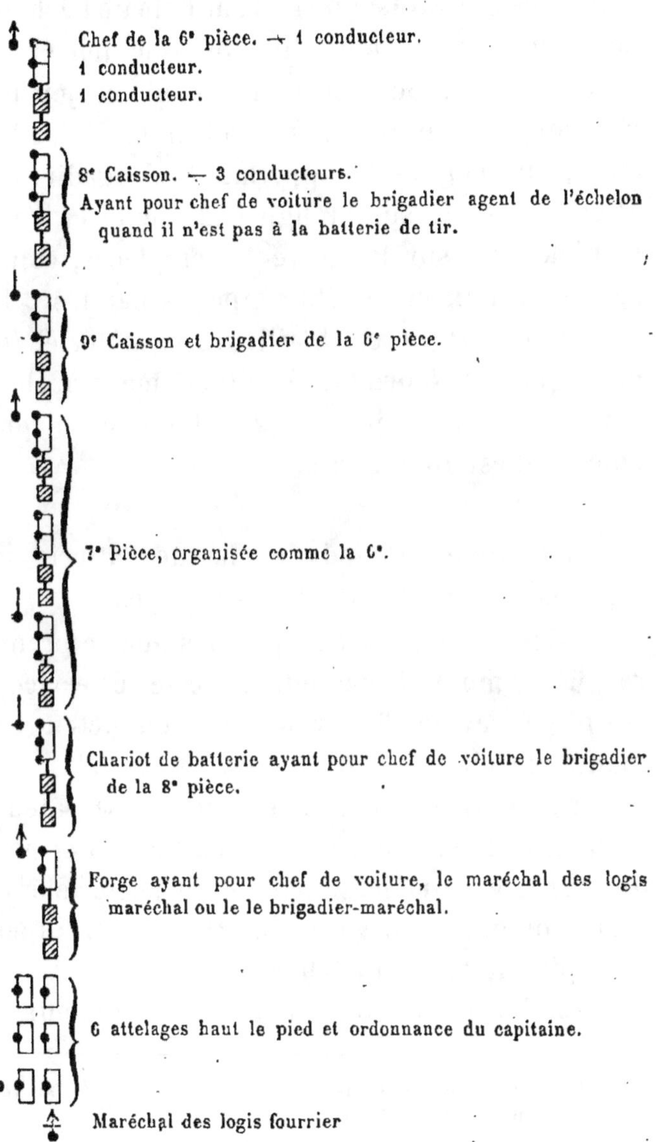

† Commandant de l'échelon.

Distance 10 mètres.

Chef de la 6ᵉ pièce. — 1 conducteur.
1 conducteur.
1 conducteur.

8ᵉ Caisson. — 3 conducteurs.
Ayant pour chef de voiture le brigadier agent de l'échelon
quand il n'est pas à la batterie de tir.

9ᵉ Caisson et brigadier de la 6ᵉ pièce.

7ᵉ Pièce, organisée comme la 6ᵉ.

Chariot de batterie ayant pour chef de voiture le brigadier
de la 8ᵉ pièce.

Forge ayant pour chef de voiture, le maréchal des logis
maréchal ou le le brigadier-maréchal.

6 attelages haut le pied et ordonnance du capitaine.

⚐ Maréchal des logis fourrier

Dans le cas où l'effectif de guerre actuel resterait intangible, la solution provisoire suivante paraît acceptable pour le téléphone.

Le brigadier de tir portant un poste, le brigadier de la 8e pièce porterait le deuxième et marcherait à la batterie de tir. L'aide-maréchal serait garde-chevaux ainsi que le trompette de l'échelon. Ce trompette et celui du capitaine porteraient chacun une dérouleuse et le deuxième jeu téléphonique resterait sur les voitures. Il faudrait alors, sur la figure 3, supprimer les brigadiers des 7e et 8e pièces, sur la figure 2, déplacer l'aide-maréchal et, sur la figure 1, remplacer, comme agents de liaison, les 3 trompettes par les 3 brigadiers des 7e pièces. D'ailleurs le matériel téléphonique transportable éventuellement à cheval peut aussi être confié à des hommes à pied, comme il est dit ci-après.

Les hommes à pied de chaque batterie sont répartis comme il suit sur les voitures :

Sur les voitures de chacune des quatre premières pièces monte le personnel affecté au service de ces pièces savoir : 5 servants et 1 conducteur non monté par pièce.

Sur le 5e caisson prennent place l'observateur à la lunette, 1 signaleur et 1 ouvrier. Celui-ci porte une dérouleuse et le signaleur un poste téléphonique lorsque le brigadier de tir et le trompette du capitaine en sont déchargés.

Sur le 6e caisson montent le second signaleur (1),

---

(1) Ce signaleur et l'observateur à la lunette peuvent échanger leur place sur l'ordre du capitaine.

porteur éventuellement du second poste téléphonique, le second ouvrier de la 5e pièce et 1 conducteur non monté porteur de la deuxième dérouleuse.

Les trois caissons de la 6e pièce portent l'ouvrier, les 7 servants et le conducteur non monté de cette pièce.

Sur les trois caissons de la 7e pièce montent le bourrelier, l'infirmier, les 4 brancardiers, le servant et les 2 conducteurs non montés de cette pièce.

Sur la forge prennent place 1 ouvrier et l'aide-maréchal non monté, le servant de la 8e pièce étant supposé être monté sur l'avant-train de la voiture-observatoire du groupe.

Sur le chariot de batterie montent l'ordonnance du lieutenant de l'armée active de la batterie et celui de l'officier de réserve, chef de la 2e section. Tous les hommes à pied ayant été ainsi répartis, il ne reste plus qu'une seule place disponible sur chacun des avant-trains de la forge et du chariot de batterie.

Les 4es trompettes des 2e et 3e batteries du groupe sont mis, suivant les ordres donnés, à la disposition soit du colonel, soit du lieutenant-colonel, soit des commandants de batterie.

Places réservées aux hommes non montés de l'état-major du groupe.

Le médecin auxiliaire peut monter sur la voiture médicale à deux roues. L'ordonnance du commandant, monté sur le deuxième cheval de cet officier supérieur, marche avec les attelages haut le pied de la première batterie du groupe.

L'ordonnance de l'officier d'approvisionnement étant, d'autre part, au train régimentaire, il reste à placer les 5 autres ordonnances ainsi que le brigadier infirmier et le brigadier brancardier. La première batterie du groupe n'ayant, comme les autres, que deux places disponibles, doit, ou bien envoyer provisoirement 5 hommes au train régimentaire de façon à pouvoir transporter les 5 ordonnances et les 2 brigadiers brancardier et infirmier, ou bien demander à les répartir dans les autres batteries, ce qui lui permettrait de n'envoyer provisoirement qu'un homme de la batterie de combat au train régimentaire. Cette dernière solution paraît être la meilleure. Si on l'adopte, la 1re batterie du groupe envoie au train régimentaire le conducteur non monté de la 6e pièce et à la 2e batterie les 2 conducteurs non montés de la 7e pièce; elle a ainsi cinq places disponibles pour les 5 ordonnances. Quant au brigadier infirmier et au brigadier brancardier, ils prennent les deux places disponibles de la 3e batterie.

Chaque officier a ainsi son ordonnance dans la batterie qui administre le personnel de l'état-major du groupe et, pour le service de santé, peu importe que le brigadier infirmier et le brigadier brancardier soient transportés par une batterie plutôt que par une autre; l'essentiel est, comme on le verra au 13e exercice, que ces brigadiers soient toujours avec le groupe des échelons.

Enfin, pour n'oublier personne, il convient d'ajouter que, dans les groupes impairs, le boucher monte sur la voiture à viande.

Modifications à apporter à l'ordre de marche qui précède lorsque le groupe est à proximité de l'ennemi.

Les capitaines marchent tous en tête du groupe et sont suivis de leurs agents de reconnaissance (1).

III. — LONGUEUR DU GROUPE EN COLONNE PAR PIÈCE.

En se reportant aux figures 1, 2, 3 et à l'annexe 1 du titre I du Règlement de manœuvre, il est facile de calculer la longueur des principaux éléments de la colonne.

Ce calcul montre que :

La longueur d'une batterie de tir est de 155 mètres (capitaine et serre-file compris) :

1 capitaine.........................	2 mètres.
Distance.........................	10 —
6 caissons.........................	75 —
4 canons.........................	56 —
9 distances de 1 mètre entre les 10 voitures.........................	9 —
1 serre-file et sa distance.........................	3 —
TOTAL...................	155 mètres.

Celle de l'échelon de combat, 135 mètres (adjudant et serre-file compris) :

1 adjudant.........................	2 mètres.
Distance.........................	10 —
6 caissons.........................	75 —
A reporter....	87 mètres.

(1) Actuellement le télémètre de 1 mètre, modèle 1912, le théodolite et son pied sont transportés, pour chaque batterie, sur un caisson de la batterie de tir. Il n'est pas prévu d'équipe de télémétristes montés.

Si le groupe était doté d'un télémètre, il pourrait être transporté dans l'avant-train de la voiture-observatoire.

	Report....	87 mètres.
1 forge...	14	—
1 chariot de batterie..........................	16	—
6 attelages haut-le-pied et leurs distances	8	—
7 distances entre les voitures..........	7	—
1 serre-file et sa distance..............	3	—
Total.................	135 mètres.

Et celle du groupe 1.000 mètres, dont 514 pour le groupe des batteries de tir :

1 commandant............................	2	mètres.
Distance.................................	4	—
4 rangs de cavaliers et leurs distances..	11	—
Distance..................................	10	—
1 capitaine.............................	2	—
Distance.................................	10	—
1 voiture-observatoire et sa distance de 1 mètre..............................	15	—
Voitures de la 1re batterie............	140	—
Distance.................................	20	—
Voitures de la 2e batterie............	140	—
Distance.................................	20	—
Voitures de la 3e batterie............	140	—
Total pour le groupe des batteries de tir.......................	514 mètres.

Distance.................................	8	mètres.
1 lieutenant.............................	2	—
Distance.................................	4	—
1 rang de cavaliers..................	2	—
Distance.................................	2	—
1 commandant d'échelon..............	2	—
Distance.................................	10	—
Un échelon..............................	120	—
Distance.................................	20	—
Un échelon..............................	120	—
Distance.................................	20	—
Un échelon..............................	120	—
1 voiture à viande et sa distance........	12	—
1 voiture médicale et sa distance.......	9	—
1 médecin et 1 vétérinaire............	2	—
Distance.................................	1	—
Serre-file général......................	2	—
Total du groupe des batteries de combat.......................	970 mètres.

Généralement, à la longueur absolue d'une unité on ajoute la distance nécessaire à l'allongement horaire de la colonne. Poùr le groupe cet allongement est de 30 mètres. La longueur du groupe, compris la distance à l'unité suivante, est ainsi de 1.000 mètres.

Lorsque le groupe marche à l'allure de l'infanterie, c'est-à-dire à la vitesse de 4 kilomètres en cinquante minutes, sa durée d'écoulement est donc de douze minutes et demie.

————

2e EXERCICE [1].

MARCHE D'APPROCHE DU GROUPE

Ire PARTIE

**Dispositions générales. — Jalonnement.
Filature. — Formations de marche. — Applications.**

I. — DISPOSITIONS GÉNÉRALES.

La *marche d'approche* commence au moment où le groupe, rassemblé ou encadré dans une colonne, a reçu l'ordre d'aller occuper une position déterminée. Pendant cette marche, le commandant de groupe s'efforce de prendre la plus grande avance possible sur les batteries *pour gagner*, au moins en grande partie, *le temps de la reconnaissance*. Mais avant de partir, il doit avoir soin de désigner, pour commander en son absence le groupe des voitures, un officier auquel il fournit tous les renseignements utiles pour éviter tout retard et même toute hésitation dans la marche des batteries sur ses traces. Ces renseignements peuvent concerner, par exemple :

---

(1) *Règlement de manœuvre :*
Titre V, nᵒˢ 68, 69, 71, 72, 73.
Titre VI, nᵒ 93.
Titre VII, nᵒ 2.
Cet exercice intéresse le chef d'escadron, le lieutenant adjoint les éclaireurs, les capitaines et leurs agents de reconnaissance, les lieutenants et les agents de liaison.
Il doit comprendre des séances d'interrogations, des applications sur la carte et à l'extérieur.
Chaque batterie doit pouvoir fournir deux jeux d'éclaireurs et d'agents de liaison parfaitement instruits, de façon à parer aux absences.

L'ordre reçu par le chef d'escadron ;

La direction initiale à prendre ;

La façon dont l'itinéraire sera marqué sur le terrain ;

La vitesse de marche des batteries ;

Le point où ces dernières devront éventuellement s'arrêter ;

Le moment de séparer, le cas échéant, le groupe des échelons, etc., etc.

Pratiquement, pour éviter un effort de mémoire superflu, le commandant de groupe peut, en général, *se borner à indiquer simplement le but de l'ordre reçu et la façon dont l'itinéraire sera marqué sur le terrain.*

D'une part, en effet, il est toujours possible de placer sur cet itinéraire un agent de transmission pour faire arrêter les batteries ou séparer les échelons aux points voulus. D'autre part, il peut être convenu, une fois pour toutes, que la vitesse de marche des batteries doit, *autant que possible et sauf indication contraire*, atteindre 8 kilomètres à l'heure en moyenne. Si cette vitesse doit exceptionnellement être dépassée, il ne faut pas oublier d'ailleurs que c'est par accroissement des temps de trot qu'il faut la réaliser et non par allongement de l'allure qui doit toujours rester de 100 mètres au pas et 200 mètres au trot.

En principe, le chef d'escadron se fait suivre par les capitaines et leurs agents de reconnaissance qui, on le sait (1er exercice), marchent à cet effet en tête du groupe dès que celui-ci est à proximité de l'ennemi. L'officier à désigner pour commander les batteries pendant la marche d'approche est alors le lieutenant le plus ancien de ces unités. Si cet officier n'est pas à portée de la voix du chef d'escadron, celui-ci le fait appeler ou lui envoie par écrit les indications nécessaires; la désignation d'un lieutenant moins ancien, sous prétexte qu'il se trouve mieux à portée de la voix, présenterait des inconvénients au point de vue du commandement.

Plus simplement, il peut être convenu, une fois pour toutes, que le lieutenant le plus ancien vient marcher en tête du groupe en même temps que les reconnaissances et qu'il est chargé, dès ce moment, de la discipline de marche des voitures.

Lorsque le commandant de groupe emmène les capitaines, il n'a nul besoin des agents de liaison qui sont, au contraire, nécessaires au commandement du groupe des voitures; il les laisse donc à la disposition du lieutenant désigné pour exercer ce commandement.

Quant aux éclaireurs, ils sont en principe à la disposition du lieutenant adjoint qui les emploie, d'une part, au *jalonnement* éventuel de l'itinéraire, et, d'autre part, au *service de sécurité immédiate du groupe* (voir 3e exercice).

Ces dispositions ayant été prises, le commandant et ses auxiliaires immédiats se mettent en marche à l'allure la plus vive en tenant compte des circonstances telles que la distance plus ou moins grande à parcourir, l'état du terrain, la nécessité de doubler d'autres troupes sans trop les gêner, etc. D'ailleurs, loin de la position, il y a tout avantage à faire marcher en un groupe compact et ordonné tout le personnel qui devance les voitures. En particulier, il est ainsi plus facile de doubler une autre troupe en colonne de route. Cette considération conduit à adopter au début de la marche d'approche l'ordre suivant (*fig.* 4) :

Fɪɢ. 4.

Ordre de marche du personnel de reconnaissance

au début de la marche d'approche

———

Commandant et lieutenant adjoint.

Distance 4 mètres.

Éclaireurs et trompette du commandant

Distance 10 mètres.

Capitaines.

Distance 4 mètres.

Personnel de reconnaissance des bat^{ies}, comprenant, par unité.

1 maréchal des logis chef.

2 brigadiers porteurs du poste téléphonique.

1 trompette porteur d'une dérouleuse.

2 gardes-chevaux dont un porte une dérouleuse.

Avec l'effectif de guerre actuel, c'est le trompette de l'échelon qui est le garde-chevaux, porteur de la seconde dérouleuse. (Voir page 20.)

Pendant la marche d'approche, le commandant de groupe et le personnel monté qui le suit en reconnaissance peuvent, d'ailleurs, prendre des raccourcis, si l'itinéraire jalonné en présente de favorables, certains obstacles obligeant seulement les voitures à un léger détour.

A proximité de la position et sur un geste du chef d'escadron, le personnel qui suit ce dernier s'échelonne en profondeur, de façon à pouvoir se défiler plus facilement, chaque échelon se réservant cependant la possibilité de rejoindre, au premier signal, son chef hiérarchique.

La formation de marche du groupe est alors la suivante : en avant, le lieutenant adjoint et les éclaireurs, puis, à une distance assez grande pour permettre au lieutenant d'exercer ses fonctions en cours de route, marche le chef d'escadron suivi immédiatement de son trompette.

Derrière le chef d'escadron et à des distances d'autant plus faibles que le terrain est plus couvert, mais au moins égales, en principe, à une cinquantaine de mètres, viennent successivement les capitaines et leurs agents de reconnaissance, ces derniers groupés à une distance convenable de leur chef.

La figure 5 ci-contre résume ces dispositions :

Fɪɢ. 5.

Ordre de marche du personnel de reconnaissance
à proximité de la position.

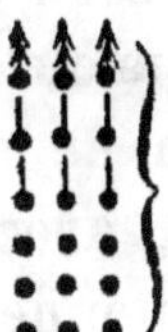 Lieutenant adjoint et agent de liaison du lieutenant-colonel.

Distance 4 mètres.

Éclaireurs non encore employés au jalonnement ou au service de sécurité.

Distance variable pouvant atteindre plusieurs centaines de mètres.

Chef d'escadron

et son trompette.

Distance variable suivant le terrain, mais au moins égale à une cinquantaine de mètres.

Capitaines.

Distance variable suivant le terrain, mais au moins égale à une cinquantaine de mètres.

Personnel de reconnaissance des batteries.

Distance variable avec le moment considéré de la marche d'approche et la différence de vitesse du personnel de reconnaissance et des batteries.

+ Lieutenant commandant le groupe des voitures.

Distance 4 mètres.

Agents de liaison.

Distance 10 mètres.

Tête des voitures.

Lorsque le lieutenant adjoint est conduit par l'agent de liaison du lieutenant-colonel, sa mission est grandement facilitée et le chef d'escadron peut le suivre à courte distance. Au contraire, lorsque le lieutenant adjoint doit consulter la carte pour se diriger vers la position, il doit disposer d'une avance suffisante pour parer aux hésitations qu'il peut avoir parfois dans le choix de la direction à prendre. Cette avance acquise, il doit s'efforcer de la conserver et, lorsqu'il la perd, de la regagner par accélération d'allure.

II. — Jalonnement.

Pendant la marche d'approche, le lieutenant adjoint laisse *un jalonneur partout où les batteries pourraient avoir le moindre doute* sur la direction à suivre. Pour que les jalonneurs, choisis autant que possible parmi les trompettes, se différencient facilement des autres cavaliers qui peuvent circuler sur le terrain, par exemple de ceux qui assurent la sécurité immédiate du groupe ou des jalonneurs d'un groupe voisin, il convient de leur prescrire d'indiquer par intermittences, avec le bras droit, le numéro du groupe qu'ils jalonnent. Aucune confusion n'est alors possible.

Chaque fois que le jalonneur le plus voisin des batteries est *certain* que celles-ci, et non les batteries d'un autre groupe, se sont bien engagées dans la direction prescrite, il rejoint à vive allure le jalonneur précédent pour le remplacer à son poste. Le jalonneur ainsi libéré va remplacer de même celui qui le précède, et ainsi de suite.

Tous les jalonneurs doivent d'ailleurs être avertis qu'ils ont à jalonner l'itinéraire des voitures sans se préoccuper des éléments qui devancent ces dernières (chef d'escadron avec son trompette, capitaines avec le personnel de reconnaissance des batteries, et, parfois, voiture-observatoire de groupe).

Pour faciliter les désignations, les jalonneurs sont numérotés avant le départ.

Dans certains cas, la consommation des jalonneurs pourrait être exagérée si l'on ne prenait quelques précautions. En particulier, lorsque le terrain est très couvert et l'itinéraire très long, on peut *économiser des jalonneurs en donnant aux batteries un rendez-vous facile*, où elles trouveront soit un jalonnement, soit l'indication d'un autre rendez-vous également facile. Par exemple, avant de quitter les voitures, le commandant peut prescrire à l'officier chargé d'amener ces dernières, de se diriger sur tel point visible à ce moment sur le terrain ou facile à trouver d'après la carte. Le lieutenant adjoint peut, de son côté, économiser des jalonneurs dans la traversée des villages ou des bois peu étendus. A cet effet, il désigne, avant d'entrer dans le village ou dans le bois, un jalonneur qui, après avoir traversé ce village ou ce bois et reconnu la direction à prendre au delà, revient sur ses pas, pour attendre les batteries à l'entrée et les piloter sur l'itinéraire qu'il a reconnu.

D'ailleurs, si ces précautions ne suffisent pas et si les jalonneurs viennent à faire défaut, le lieutenant adjoint peut, à la rigueur, recourir aux agents de reconnaissance des batteries, car ces agents seront toujours libérés de cette mission bien avant l'arrivée des batteries sur la position (1).

III. — FILATURE.

Si le terrain est très découvert ou si la distance à parcourir est assez limitée, le Règlement laisse au commandant de groupe la latitude de ne pas faire jalonner l'itinéraire. Dans ce cas, il se fait filer par les batteries. Il peut alors exceptionnellement leur laisser 3 ou 4 éclaireurs puisqu'il n'a plus qu'à assurer le service de sécurité immédiate dans des conditions très favorables par hypothèse.

La *filature* est organisée par l'officier chargé d'amener les batteries.

Elle consiste à lancer *successivement* derrière le commandant de groupe quelques cavaliers alertes et intelligents, prélevés sur le personnel laissé avec les voitures. Il s'établit ainsi, entre le commandant de groupe et les batteries, une chaîne de cavaliers aussi espacés que possible, sous la réserve que chacun d'eux puisse toujours apercevoir celui qui le précède. C'est cette dernière condition qui interdit la filature en général car, si le terrain est couvert ou si la distance à parcourir est grande, elle entraîne l'emploi d'un nombre exagéré de cavaliers fileurs.

---

(1) Il ne faut pas, d'ailleurs, perdre de vue que le moindre retard dans l'arrivée sur la position d'un des agents du capitaine est nuisible à la rapidité de la reconnaissance.

Au contraire, le jalonnement n'exige la présence d'un cavalier qu'aux points où il peut y avoir quelque doute sur la direction à suivre, sans se préoccuper si les jalonneurs ainsi placés sont ou non en vue les uns des autres.

IV. — FORMATIONS DE MARCHE DU GROUPE.

Dans la marche d'approche, l'officier qui commande les voitures suit les routes et chemins le plus longtemps possible. Il fait prendre, dès qu'il le peut sans gêner les autres troupes, les dispositions de combat si elles n'ont été déjà prises. En général, elles l'auront été dès que les capitaines auront reçu l'ordre de marcher en tête du groupe, ordre qui résulte de la proximité de l'ennemi. Hors des chemins, un ou deux éclaireurs sont lancés en avant avec la mission de signaler les obstacles à la marche et d'indiquer, le cas échéant, les points de passage favorables aux voitures attelées.

Dans la marche à travers champs, les formations à faire prendre aux batteries doivent être souples, se prêter au défilement des vues et permettre la traversée très rapide des terrains découverts s'il est absolument impossible de les éviter.

Des indications à ce sujet sont données plus loin dans le 5e exercice.

Pour la bonne exécution de la marche d'approche, il convient enfin de rappeler une prescription importante du Règlement sur le service des armées en campagne : elle a trait au croisement éventuel des itinéraires de troupes différentes.

On sait qu'*en principe*, nulle troupe en marche

ne doit être coupée par une autre, mais qu'à proximité de l'ennemi, il appartient au plus élevé en grade ou au plus ancien des deux chefs de colonne de prescrire, en cas de croisement, les dispositions à prendre, d'après le vu des ordres respectifs. Le cas échéant, l'officier chargé de conduire les batteries communique donc aux chefs des troupes qu'il aurait à croiser, l'ordre qu'il a reçu.

Dans tout ce qui précède, le chef d'escadron est supposé marcher avec les batteries au moment où il reçoit l'ordre de se porter sur un point déterminé, mais il peut ne pas en être ainsi.

Le commandant peut notamment avoir été appelé par le commandant de l'artillerie avant qu'aucune décision n'ait encore été prise au sujet de l'engagement du groupe. Il peut aussi parfois remplir, auprès du commandant des troupes, les fonctions de commandant de l'artillerie. Dans l'un et l'autre cas, le plus ancien capitaine agit comme le faisait précédemment le chef d'escadron.

Ce dernier laisse alors aux batteries son lieutenant adjoint; il se contente d'un sous-officier agent de liaison, afin de ne pas appauvrir l'effectif des officiers des unités.

V. — Applications.

Quelques exemples achèveront de fixer les idées sur les principes à observer dans l'exécution de la marche d'approche d'un groupe de batteries, indépendamment des mesures à prendre pour assurer la sécurité immédiate, mesures qui font l'objet d'exercices ultérieurs.

Application n° 1 (voir le croquis ci-après fig. 6).

Le groupe est supposé faire partie du gros d'une colonne en marche d'Aulnay-sous-Bois par La Villette-aux-Aulnes contre un parti ennemi signalé à plusieurs kilomètres au nord-est de Mitry-Mory.

Au moment où la tête du groupe arrive à 2 kilomètres au sud-ouest de La Villette-aux-Aulnes, l'avant-garde est entièrement engagée sur le front La Fringale, La Villette-aux-Aulnes, Tremblay-les-Gonesse, cote 120, contre un ennemi dont le front passe par Mory, Mitry-Mory et la croupe au nord-ouest du clocher de ce dernier village.

A ce moment, le groupe reçoit l'ordre suivant :

« Le groupe un tel se portera le plus tôt possible vers la cote 102 (cent deux), 1.500 mètres (quinze cents) nord-est de *Tremblay-les-Gonesse* pour contrebattre une artillerie établie au nord de *Mitry-Mory*. »

On remarquera que, dans l'ordre ci-dessus, conformément au Règlement, les nombres importants sont écrits en toutes lettres après avoir été exprimés en chiffres, les noms des localités sont soulignés et les termes « nord », « sud », etc., employés de préférence aux mots « droite », « gauche » qui prêteraient à des confusions.

Avant de quitter la colonne, le commandant désigne, pour commander les batteries en son absence et celle des capitaines, le plus ancien lieutenant; il lui donne les indications suivantes :

1° Le groupe va occuper une position à la cote

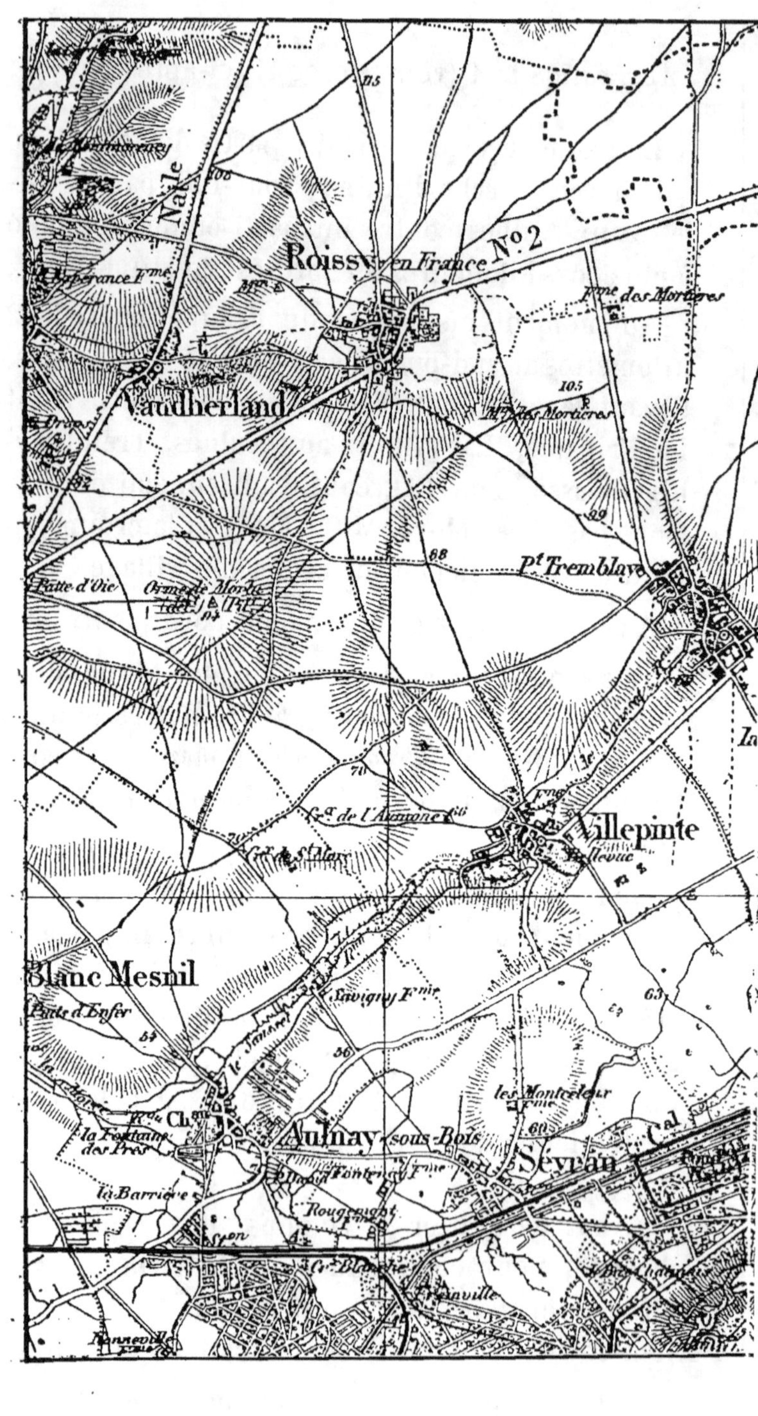
Nale
Roissy en France No 2
l'Esperance Fme
Pne des Mortigres
Vaudherland
Mt des Mortigres
105
Patte d'Oie
Orme de Morlu
99
88
Pt Tremblaye
le Sausset
Za
Cr de l'Aumone
70
Gr de St Marc
Villepinte
Bellevue
Blanc Mesnil
Patte d'Enfer
Savigny Fnir
54
les Montcelax Fme
56
60
63
la Fontaine des Pres
Ch
Aulnay sous Bois
Sevran
Cal
la Barriere
Rougemont
Ranneville

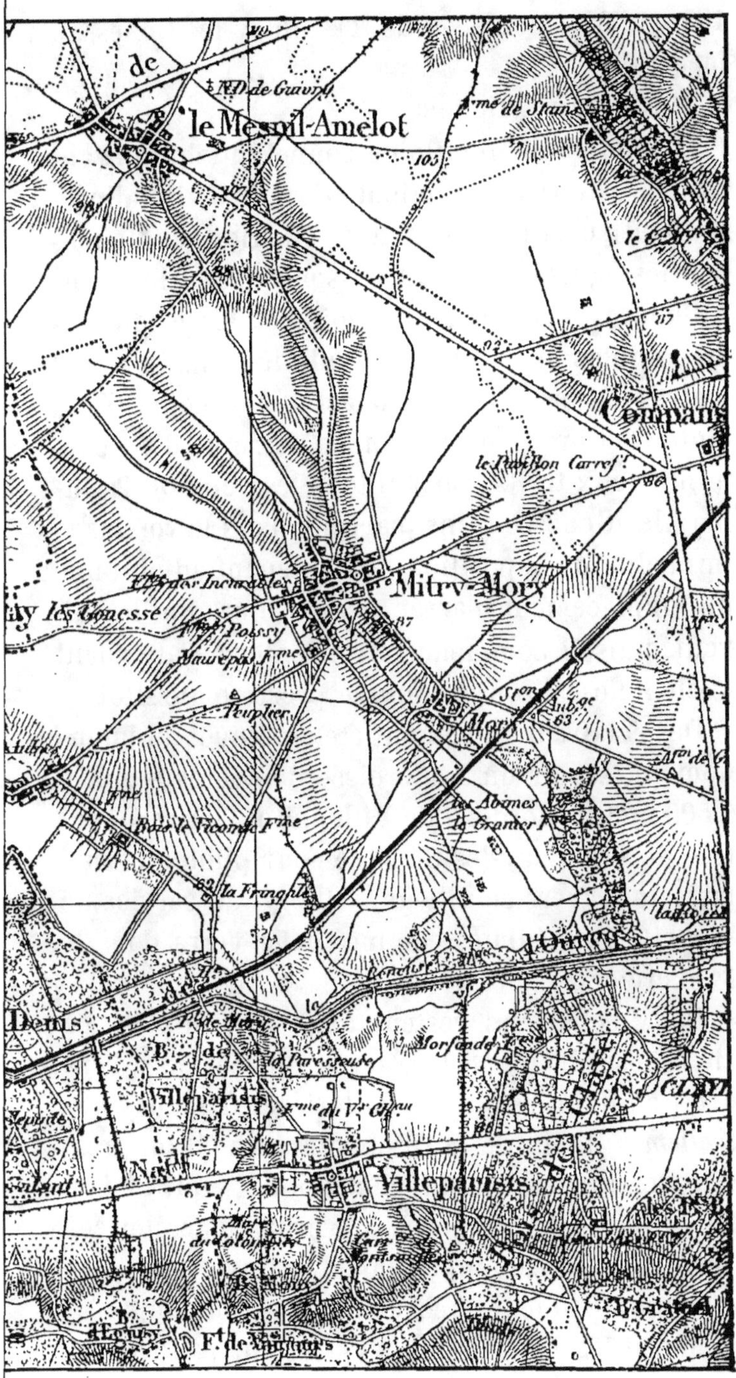

de
N.D. de Guvry
le Mesnil-Amelot
Fme de Stains
Compans
le Pavillon Carré
Mitry-Mory
Cité des Incurables
Vly les Gonesse
Poissy
Maurepas Fme
Peuplier
Bois le Vicomte Fme
la Fringale
les Abîmes
le Cranier
Denis
Villeparisis
Villeparisis
Nash
Fte de Vaujours

102 (1.500^m nord-est de Tremblay-les-Gonesse), face à l'est.

2° Itinéraire jalonné.

Le commandant et le personnel qui doit devancer les batteries se mettent en route à vive allure, prenant successivement les formations indiquées par les figures 4 et 5. A raison de 15 kilomètres à l'heure, le lieutenant adjoint et les éclaireurs disponibles arrivent vingt minutes après à 800 mètres environ au sud-ouest de la cote 102, à l'intersection d'un chemin de terre et d'un chemin à deux traits, partant tous les deux de Tremblay-les-Gonesse. Ainsi parvenu dans le voisinage immédiat de la position, le lieutenant adjoint fixe un emplacement d'arrêt aux cavaliers qui le suivent, puis il commence à s'orienter en attendant le chef d'escadron qui arrive presque aussitôt.

Des éclaireurs, deux ont été employés au jalonnement (savoir un à la croisée de routes située à 1.500 mètres nord-est de Villepinte, l'autre à l'entrée de Tremblay-les-Gonesse pour piloter les batteries à travers ce village), et cinq au service de sécurité immédiate, comme on le verra dans le 3° exercice.

Deux éclaireurs restent donc disponibles. Le chef d'escadron en place ou fait placer un à l'endroit où il désire que les batteries attendent *éventuellement* la fin de la reconnaissance; il lui prescrit de transmettre au lieutenant X, qui amène les batteries, l'ordre (écrit ou verbal) d'arrêter ces dernières sur cet emplacement, s'il y a lieu.

Il ajoute que les échelons y seront séparés, même si les batteries ne s'y arrêtent pas en réalité.

Au moment où ces dispositions viennent d'être prises par le commandant et son adjoint, le groupe, qui marche à 8 kilomètres à l'heure, a encore 1 kilomètre à parcourir pour atteindre Tremblay-les-Gonesse. Dans vingt minutes, il pourra arriver à l'emplacement d'arrêt éventuel. Si ces vingt minutes suffisent pour la reconnaissance et la préparation du tir et si les dispositions de combat ont été prises en temps opportun, les batteries n'auront pas en réalité à s'arrêter.

Le temps de la marche d'approche aura été alors parfaitement utilisé.

Application n° 2.

Le groupe est supposé rassemblé, face au nord-ouest, un peu au sud du chemin qui conduit d'Aulnay-sous-Bois à La Villette-aux-Aulnes. Il reçoit l'ordre d'aller occuper une position de batterie au sud-ouest de Tremblay-les-Gonesse, pour contrebattre une artillerie établie à la cote 94 (4.500 mètres ouest de Tremblay-les-Gonesse).

Le commandant désigne, pour amener le groupe, le lieutenant le plus ancien X... et lui donne les indications suivantes :

1°) Le groupe va occuper une position sur la rive droite du Sausset, face à l'ouest;

2°) Filez-moi; je vous laisse 4 éclaireurs.

Dix minutes après, le lieutenant adjoint et les éclaireurs non dépensés pour le service de sécurité immédiate sont arrivés un peu en arrière de la crête.

Le chef d'escadron et son trompette y arrivent presque en même temps. Les capitaines sont un peu en arrière, suivis à une cinquantaine de mètres par leurs agents.

Le lieutenant X... met le groupe en marche en colonne par pièce sur le chemin qui passe un peu à l'est de la lettre *e* de la fin du mot « Villepinte » ; il évite ainsi 1.200 mètres de parcours en terrains labourés très humides. En même temps il envoie deux éclaireurs reconnaître les passages du Sausset, les deux autres éclaireurs disponibles et, au besoin, des gradés prélevés sur les batteries étant employés à la filature. Le Sausset ne présentant que deux points guéables dans la zone de marche du groupe, le lieutenant X... affecte le plus rapproché de ces deux points de passage à la batterie de tête et l'autre à la batterie suivante ; quant à la 3e batterie, elle passera par le même point de passage que la batterie de tête, qui aura, la première, franchi le Sausset.

Le Sausset passé, le groupe est formé en ligne de colonnes par pièce, comme il sera dit au 5e exercice.

Vingt minutes après le départ, le groupe arrive à la position d'arrêt éventuel qui lui est indiquée par un éclaireur laissé par le commandant avec l'ordre écrit ou verbal d'observer éventuellement cet arrêt et d'y séparer en tout cas les échelons. D'ailleurs, le lieutenant X... se serait arrêté de sa propre initiative en arrière de la crête.

Dans cet exemple, le chef d'escadron et les reconnaissances des batteries ont gagné une avance de dix minutes sur les batteries, qui pourront par suite occuper les emplacements reconnus, sinon sans arrêt, du moins après un arrêt de très courte durée.

3e EXERCICE [1].

MARCHE D'APPROCHE DU GROUPE

IIe PARTIE

But du service de sécurité immédiate. — Nature des attaques rapprochées. — Conséquences pour le service de sécurité. — Fonctionnement de ce service. — Applications.

I. — BUT DU SERVICE DE SÉCURITÉ IMMÉDIATE.

La *sécurité de l'artillerie en marche* résulte en principe de la *présence des autres armes*. Mais, si le groupe déboîte d'une colonne, s'il stationne isolément ou s'il effectue un changement de position, son chef doit faire *éclairer sa marche* et *garder ses flancs par des éclaireurs*, de façon à assurer la *sécurité immédiate* des batteries. Il ne s'agit, ni de

---

(1) *Règlement de manœuvre :*
Titre V, nᵒˢ 77, 78, 79, 80.
Titre VII, nᵒˢ 3 et 19.
Cet exercice intéresse le chef d'escadron, le lieutenant adjoint et les éclaireurs. Il doit être fréquemment répété à toutes les époques de l'année. Il doit comprendre :
1° Des séances en chambre ayant pour but d'expliquer le but, l'organisation et le fonctionnement du service de sécurité immédiate ;
2° Des séances d'application très simples sur la carte ;
3° Des séances à l'extérieur.
Dans ces dernières, un gradé est désigné pour représenter l'officier qui commande le groupe des voitures. On peut, d'ailleurs, sans sortir des routes et chemins, c'est-à-dire, sans causer de dégâts aux terrains cultivés, donner aux éclaireurs leur mission en leur faisant indiquer sur le paysage même comment ils la rempliraient. Cette instruction pourra ultérieurement être rapidement complétée et perfectionnée quand les récoltes auront été enlevées, ou aux écoles à feu sur les champs de tir et aux grandes manœuvres.

mettre ces dernières à l'abri de l'ouverture du feu par surprise d'une artillerie ennemie déjà en position, ni de les préserver des balles de tireurs isolés, bien cachés, opérant en enfants perdus. *Il s'agit seulement de leur réserver la possibilité de combattre ou, mieux, d'éviter les attaques rapprochées d'infanterie ou de cavalerie qui pourraient surgir à l'improviste dans certaines zones de terrain insuffisamment occupées ou surveillées par les troupes amies des autres armes.* Le groupe se met en effet à l'abri des feux par surprise de l'artillerie ennemie en utilisant des cheminements défilés ou, à leur défaut, en traversant à vive allure les espaces découverts. Quant aux tireurs isolés, ils ne sauraient arrêter la marche du groupe et, d'ailleurs, s'ils devenaient trop gênants, il serait toujours possible d'envoyer contre eux quelques servants du groupe des échelons sous le commandement d'un ou deux gradés.

Le service de sécurité a donc un rôle bien défini, celui de s'assurer que le groupe est réellement bien couvert par la présence de troupes amies des autres armes et, dans le cas contraire, de prévenir, le cas échéant, en temps opportun, des attaques rapprochées qui menaceraient les batteries.

Les éclaireurs doivent, par suite, connaître parfaitement la nature de ces attaques, les circonstances où elles sont possibles ainsi que les moyens de les signaler avant qu'elles ne se produisent.

II. — Nature des attaques rapprochées.

Les attaques rapprochées peuvent être exécutées par des feux de mousqueterie et aussi par le choc s'il s'agit d'une attaque de cavalerie.

Les attaques par les feux de mousqueterie cessent d'avoir une efficacité dangereuse pour la marche du groupe dès que la distance de tir dépasse 1.200 à 1.500 mètres et un peu plus pour les mitrailleuses.

De plus, l'emploi des armes portatives, y compris les mitrailleuses, n'est possible que *si les tireurs ont des vues directes sur l'objectif.* Quant à la cavalerie, elle ne peut espérer parvenir jusqu'aux batteries sans en essuyer le feu que si elle réussit à s'en approcher à moins d'un millier de mètres sans être vue. Encore, pour franchir cet espace, lui faut-il, même en terrain favorable, très sensiblement plus de temps qu'il n'en faut au groupe en marche pour ouvrir le feu avec ses canons.

Dans aucun cas, les éclaireurs ne doivent « alerter » que si l'attaque possible paraît assez importante pour inquiéter sérieusement la marche du groupe. Quand il s'agit seulement d'une dizaine de tireurs à pied ou d'une vingtaine de cavaliers par exemple, il suffit d'avertir par le geste « attention »; les batteries se défendront au besoin avec leurs armes portatives, sans s'arrêter.

Une attaque de mousqueterie doit être considérée comme très sérieuse dès qu'elle est exécutée à bonne portée (1.200 mètres au plus) par une section de 50 fusils. Il convient de l'éviter, si on le peut, comme il sera dit plus loin.

Il en est de même d'une charge de cavalerie qui comprendrait plus d'un peloton; mais, en général, on sera contraint d'ouvrir le feu sur elle.

Les éclaireurs doivent donc pouvoir reconnaître les effectifs auxquels ils ont affaire. Les renseignements suivants pourront leur suffire :

Une compagnie d'infanterie sur pied de guerre peut comprendre (France, Allemagne, etc.), 250 hommes répartis en sections (4 en France, 3 en Allemagne).

Sur une route une compagnie en colonne par quatre occupe une longueur de 100 mètres.

Le bataillon de 4 compagnies avec son train de combat (1) a, en colonne par quatre, une longueur de 500 mètres.

Un régiment de 3 bataillons occupe 1.600 mètres.

Le front occupé par une section de 50 fusils déployés sur un rang dépend évidemment des intervalles pris entre les tireurs, mais ces intervalles ne peuvent pas être exagérés sans rendre très difficile le commandement. On peut admettre que ce front dépasse rarement 50 mètres, soit 200 mètres pour une compagnie déployée sur un rang. Par suite, si, à 1.000 ou 1.200 mètres de l'itiné-

---

(1) En France, le train de combat du bataillon comprend : une voiture médicale à un cheval et, par compagnie, une voiture à munitions, une voiture à vivres et à bagages et une cuisine roulante; total 13 voitures.

Près de l'ennemi, les voitures à vivres et à bagages ainsi que les cuisines roulantes sont réunies au train de combat du régiment. Chaque bataillon est alors suivi de la voiture médicale et des 4 voitures à munitions. Ces voitures peuvent d'ailleurs être groupées avec les voitures analogues des autres bataillons du régiment.

raire des batteries, les éclaireurs voient des tireurs occuper un front de 50 millièmes, ils en concluront qu'ils ont affaire à au moins une section déployée.

S'ils voient de l'infanterie en colonne gagner les abords situés en arrière d'un couvert, ils peuvent, d'après ce qui a été dit plus haut, déduire son effectif de la longueur occupée.

La cavalerie peut faire du combat à pied. Ce qui vient d'être dit pour l'infanterie s'applique dans ce cas, à la cavalerie. Mais la cavalerie peut aussi employer le choc.

Elle se forme alors en bataille et combine, en général, des attaques de front et de flanc.

Un escadron comprend 150 sabres répartis en 4 pelotons aussi bien en France qu'en Allemagne. Sur une route, en colonne par quatre, l'escadron a 150 mètres au plus de longueur.

Le front d'un escadron en bataille est variable ; il atteint au plus 75 mètres.

Le régiment de cavalerie comprend 4 escadrons.

III. — CONSÉQUENCES POUR LE SERVICE DE SÉCURITÉ.

Les notions qui précèdent constituent, pour le personnel affecté au service de sécurité, un guide des plus précieux. C'est ainsi que lorsque le terrain est découvert jusqu'à plus de 1.200 à 1.500 mètres de part et d'autre de l'itinéraire de la colonne, les éclaireurs savent qu'ils peuvent exercer la garde des flancs sans s'éloigner de l'itinéraire des batteries. Si le terrain n'est découvert que jusqu'à un millier de mètres, il leur suffit de s'assurer que les abords des couverts ou des masques les plus rapprochés n'abritent pas soit des tireurs à pied, soit des cavaliers prêts à se précipiter pour une attaque rapide.

Parfois, de l'itinéraire même de la colonne, les vues sont très bornées, mais en gagnant certains points très rapprochés, on peut apercevoir tout le terrain des environs. De tels observatoires naturels sont évidemment très avantageux pour les éclaireurs. Par exemple, si le groupe chemine au pied d'une crête, il peut arriver qu'en se portant un peu en arrière de la ligne de faîte, on découvre tout le pays à plus d'un kilomètre à la ronde. Il suffit alors aux éclaireurs de longer la crête en se tenant à peu près à hauteur de la colonne.

Il est encore d'autres circonstances où les éclaireurs n'éprouvent pas, en général, de sérieuses difficultés si elles ont été envisagées d'avance.

Il en est ainsi notamment dans la reconnaissance des enclos, des hameaux, des villages et des bois situés sur l'itinéraire et sur ses flancs.

Dans le cas d'un enclos il suffit de gagner un point d'où l'on ait des vues étendues le long des murs à l'intérieur et aux abords de cet enclos.

Dans le cas d'agglomérations de maisons, de grandes fermes ou de hameaux, il convient d'en faire le tour, puis d'y pénétrer pour s'assurer que l'ennemi ne les occupe pas.

Dans le cas de grands villages, surtout étendus en longueur, il suffit, d'une part, d'occuper un point d'où il soit possible de surveiller le terrain en arrière du village par rapport à la colonne et, d'autre part, de parcourir la lisière qui fait face à l'itinéraire des batteries.

Dans le cas de villages ou de bois trop étendus en profondeur et en largeur pour qu'il soit possible d'en faire le tour, les patrouilles se bornent à en longer la lisière, en donnant des coups de sonde intermittents à l'intérieur. Ces coups de sonde sont donnés sur des profondeurs variables ; sur les sentiers accessibles seulement à l'infanterie, ils peuvent être réduits à 100 ou 200 mètres ; sur les débouchés accessibles à la cavalerie, ils peuvent atteindre 500 mètres et même plus.

IV. — Fonctionnement du service de sécurité.

Le service de sécurité est placé sous la direction du lieutenant adjoint. On pourrait bien charger aussi de ce service l'officier désigné pour commander le groupe des voitures, en lui laissant à cet effet quelques éclaireurs ; mais il semble préférable d'adopter la première solution. Pour bien fixer la mission des éclaireurs, il faut, en effet, posséder une notion assez exacte du terrain qui borde l'itinéraire et nul n'est plus qualifié, à ce point de vue, que le lieutenant adjoint qui devance nettement les batteries. D'ailleurs, les éclaireurs ont ainsi plus de temps pour choisir et gagner assez tôt leur premier observatoire et mieux vaut qu'ils aient à y stationner que s'ils y arrivaient trop tard.

Enfin, comme c'est le lieutenant adjoint qui éclaire et jalonne la marche du groupe, il est bon de mettre à sa disposition tout le personnel des éclaireurs, de façon qu'il puisse les répartir et les utiliser, suivant les besoins, pour jalonner, pour éclairer la marche et pour garder les flancs. Un seul éclaireur, en principe, est donc laissé à portée de la voix de l'officier qui commande le groupe des voitures pour appeler éventuellement son attention sur les gestes d'avertissement faits par les éclaireurs lancés sur les flancs. On peut même économiser cet éclaireur en confiant ses fonctions à l'agent de liaison de la batterie la plus voisine de l'officier qui commande le groupe des voitures cet agent de liaison ayant peu à faire.

Si le lieutenant agent de liaison du lieutenant-colonel connaît l'itinéraire et y guide le lieutenant adjoint, ce dernier peut assez facilement s'occuper du jalonnement et du service de sécurité. Si, au contraire, le lieutenant adjoint doit reconnaître l'itinéraire, il est contraint, en général, de se décharger, en grande partie, sur des gradés bien choisis et instruits en conséquence, des détails de ses deux autres missions.

Le jalonnement ne présente jamais de grandes difficultés; il peut être facilement surveillé; un sous-officier éclaireur ordinaire peut en être chargé sans inconvénient. Le service de sécurité, au contraire, ne peut être confié, *même en partie*, qu'à un sous-officier très éprouvé et convenablement instruit. Dans tous les cas, le lieutenant adjoint doit s'efforcer au moins d'écouter, pour les rectifier, le cas échéant, les missions données aux éclaireurs envoyés en reconnaissance *en avant et sur les flancs.*

Les *missions* données aux éclaireurs doivent d'ailleurs être toujours *très simples.*

Pour pouvoir avertir les batteries en temps opportun, les éclaireurs doivent se lier à leur marche.

En terrain ordinaire, où les observatoires sont nombreux et assez voisins les uns des autres, les éclaireurs occupent ces observatoires successifs sans éprouver de difficulté pour rester en liaison à vue avec les batteries en marche. Pour passer d'un observatoire à l'autre, ils emploient les allures vives en suivant, autant que possible, des itinéraires défilés mais sans jamais perdre de vue qu'il faut avant tout observer l'ennemi.

En terrain très couvert, la mission des éclaireurs devient plus difficile, mais il convient de remarquer que ces circonstances sont également défavorables à l'ennemi qui ne peut agir d'aussi loin faute d'un champ d'action assez étendu. Quoi qu'il en soit, il est prudent, dans ce cas, de multiplier les éclaireurs, les uns patrouillant comme en terrain ordinaire dans le voisinage de l'itinéraire, les autres opérant par coups de sonde, en utilisant tous les moyens d'investigation, sans négliger leur sens de l'ouïe.

Pour la transmission des renseignements, les éclaireurs peuvent utiliser les remarques suivantes :

En terrain très découvert, ils restent sur l'itinéraire et ils peuvent appeler verbalement l'attention du commandant des batteries sur les observations qu'ils peuvent faire.

En terrain ordinaire, la transmission des renseignements n'est pas non plus difficile, grâce à l'existence d'observatoires assez nombreux le long et près de l'itinéraire. Il suffit, dans ce cas, de procéder par patrouilles de deux éclaireurs; l'un, gradé, en général, reste en principe immobile à l'observatoire, de façon à surveiller la zone dangereuse; l'autre se tient le plus près possible du premier, mais sans trop s'éloigner d'une zone d'où il puisse voir les batteries et en être aperçu. Il ne doit sortir de cette zone qu'en cas de besoin et *par intermittence*, si certains obstacles l'empêchent de voir à la fois l'éclaireur qui observe et le chef des éclaireurs placé auprès de l'officier qui commande les voitures.

Les renseignements sont transmis par signaux ou verbalement. Les signaux ne font d'ailleurs que précéder, en général, les renseignements verbaux qui, seuls, peuvent être très complets. Les signaux constituent une sorte de « garde-à-vous ». Ils peuvent se borner au geste « attention », suivi du geste « au galop », s'il s'agit d'une cavalerie menaçante, ou du geste « en joue » du tireur au mousqueton, s'il s'agit d'une attaque éventuelle par des feux de mousqueterie. Quant aux renseignements verbaux, ils doivent répondre, autant que possible, aux questions : qui? quand? où? comment? sans qu'il soit besoin de les formuler. Exemple : « Vu un escadron, il y a une minute, derrière tel village, en colonne par quatre, se dirigeant au trot vers tel bois. »

Les renseignements verbaux sont transmis par l'un des éclaireurs, l'autre continuant à observer l'ennemi s'il n'est pas trop pressant.

Les considérations précédentes montrent que le service de sécurité exige un personnel très expérimenté et plein d'initiative. Ces qualités sont d'autant plus indispensables que le personnel est peu nombreux. Pour peu qu'une patrouille de deux hommes soit nécessaire sur chaque flanc et sur le front de marche, 7 éclaireurs se trouvent employés, en comptant le sous-officier placé auprès du commandant des voitures. Heureusement il suffira le plus souvent aux éclaireurs de s'assurer que le groupe est bien réellement couvert pendant sa marche par la présence de troupes amies des autres armes. Il ne faut pas oublier à ce propos que la division d'infanterie dispose d'un escadron de cavalerie pour sa sûreté rapprochée et qu'à chaque corps d'armée est affecté un régiment de cavalerie. Les attaques rapprochées ne peuvent émaner que de troupes ennemies qui auraient réussi à traverser les troupes avancées des autres armes amies soit par surprise, soit de vive force.

Enfin, la tâche des éclaireurs terrestres de l'artillerie serait grandement facilitée si l'artillerie disposait d'éclaireurs aériens.

V. — Applications.

Les exemples ci-après achèveront de fixer les idées sur le service de sécurité pendant la marche d'approche du groupe.

Application n° 1.

L'hypothèse est celle de l'exemple n° 1 du 2ᵉ exercice (*fig.* 6).

La marche d'approche commence au moment où le groupe déboîte du gros de la colonne pour

prendre le chemin qui rejoint la route de Villepinte à Tremblay-les-Gonesse, alors que l'infanterie continue à se diriger sur La Villette-aux-Aulnes et Mitry-Mory.

Pendant la première partie de la marche
d'approche, jusqu'à la route de Villepinte à Tremblay-les-Gonesse, le terrain est découvert sur les
deux flancs. Un éclaireur (maréchal des logis),
laissé auprès de l'officier qui commande le groupe
des voitures, suffit donc jusque-là à assurer par
simple vue le service de sécurité immédiate.
L'agent de liaison de la batterie de tête pourrait
d'ailleurs remplir par surcroît cette fonction.

A partir de la croisée de routes, située à 1.500
mètres au sud-ouest de Tremblay-les-Gonesse, une
patrouille de 2 éclaireurs (un maréchal des logis
et un brigadier) est envoyée au delà du ruisseau
le Sausset avec mission de veiller sur le flanc
gauche du groupe.

Une seconde patrouille (un maréchal des logis
et un brigadier) est envoyée sur Tremblay-les-
Gonesse avec mission d'en contourner les lisières
et de se porter ensuite vers le croisement de deux
chemins de terre, situé à 800 mètres environ à
l'ouest de la cote 102, pour y observer du côté de
l'ouest et du nord.

Aucune patrouille n'est envoyée sur le flanc
droit, car il est découvert et, de plus, l'infanterie
amie se trouve sûrement de ce côté à faible distance. On peut, d'ailleurs, si on le juge utile, établir une liaison à vue avec cette infanterie au
moyen d'un 6e éclaireur.

Toutes ces missions sont simples.

Les éclaireurs lient leurs mouvements à la marche des voitures.

La patrouille lancée sur le flanc gauche opère comme il a été dit : l'un des cavaliers, immobile, observe vers le nord-ouest; l'autre, mobile, est prêt à transmettre les renseignements fournis par le premier qu'il tient au courant en même temps de la progression des voitures.

Les deux cavaliers de la patrouille envoyée sur Tremblay-les-Gonesse se séparent au contraire un peu avant d'atteindre ce village. Un des éclaireurs se porte aux environs de Petit-Tremblay, longeant la lisière ouest du village, en s'efforçant de voir le plus longtemps possible la tête de la colonne des voitures. L'autre se porte de même vers la cote 82 (est de Tremblay-les-Gonesse) en longeant la lisière sud du village. Dès que la colonne atteint Tremblay-les-Gonesse, les deux éclaireurs, continuant à longer les lisières du village, se réunissent au nord de ce dernier et de là se portent pour opérer ensemble à l'observatoire qui leur a été fixé.

Application n° 2 (fig. 6).

L'hypothèse est celle de l'exemple n° 2 du 2e exercice.

En avant, la sécurité immédiate est assurée par le lieutenant adjoint et les éclaireurs disponibles. Sur chaque flanc se trouve un village assez étendu. Deux patrouilles sont chargées d'explorer les lisières des deux villages. Celle de Tremblay-les-Gonesse continuera ensuite à observer les environs en stationnant vers Petit-Tremblay; celle de Villepinte fera de même en remontant la croupe située au nord-est du village. Comme précédemment, un éclaireur (maréchal des logis) est laissé auprès de l'officier qui commande le groupe des voitures ; il suffit pour assurer à vue la sécurité immédiate jusqu'à la route de Villepinte à Tremblay-les-Gonesse (flancs découverts).

En réalité, dans cet exemple, la mission des deux patrouilles envoyées latéralement vers les deux villages se trouve très simplifiée si ces villages sont occupés par de l'infanterie amie.

IVᵉ EXERCICE [1].

MARCHE D'APPROCHE DU GROUPE

IIIᵉ PARTIE

Conduite à tenir par les batteries en cas d'attaques rapprochées. — Applications.

I. — CONDUITE A TENIR PAR LES BATTERIES
EN CAS D'ATTAQUES RAPPROCHÉES.

1° *Attaque rapprochée de mousqueterie.*

Une attaque rapprochée de mousqueterie, exécutée à 1.000 ou 1.200 mètres au plus par un nombre assez grand de tireurs, est toujours un événement grave pour une artillerie qui procède à une marche d'approche. Une artillerie attelée est alors, en effet, exposée à des pertes sérieuses, et, si elle sépare ses avant trains pour riposter, il lui est impossible de les amener dans la suite sous un feu aussi meurtrier, c'est-à-dire qu'elle est *au moins immobilisée* et manque à sa mission.

Conclusion.

Si, pendant la marche d'approche, une attaque rapprochée de mousqueterie est signalée comme

---

(1) *Règlement de manœuvre* : Titre VI, nᵒˢ 1, 3, 48. 61.
Cet exercice intéresse tout le personnel des batteries. Les batteries doivent être fréquemment exercées, à toutes les époques de l'année, à prendre rapidement leurs dispositions, quelle que soit la formation, contre une attaque soudaine de cavalerie ou d'infanterie. Quelques exercices devront être faits avec les groupes des batteries de tir et des échelons sur le champ de manœuvre et en terrain varié.

imminente, il faut s'efforcer de l'éviter par allongement d'allure et, au besoin, par un détour. Si l'attaque ne peut être évitée, il faut s'y soustraire le plus vite possible en gagnant du champ et ne mettre en batterie qu'en cas de nécessité absolue. Pour gagner du champ sous des rafales de mousqueterie sans éprouver des pertes irréparables, il faut aussitôt forcer l'allure et prendre les formations les plus appropriées à l'utilisation complète des couverts du terrain.

Il faut aussi penser à mettre à profit le matériel pour abriter les attelages. Il est clair qu'une voiture qui s'éloignerait en tournant le dos aux tireurs aurait peu de chances d'être arrêtée alors qu'elle le serait à peu près sûrement si elle leur présentait le flanc.

Tels sont les principes que le groupe doit observer.

Dès que les éclaireurs signalent une forte troupe de tireurs dans le voisinage de l'itinéraire, l'officier qui commande le groupe des voitures s'inspire des renseignements *verbaux* qui lui sont fournis. Il examine, en particulier, d'après le moment et le lieu où l'ennemi a été vu, s'il est possible d'éviter l'attaque par simple allongement d'allure ou s'il est indispensable de faire un détour. Dans le premier cas, il n'a aucune difficulté à surmonter. Mais, s'il doit faire un détour, il a des précautions à prendre, d'une part, pour ne pas égarer le groupe, d'autre part, pour prévenir les jalonneurs que l'itinéraire est modifié.

Il est évidemment impossible d'indiquer des règles; tout dépend du terrain et de la distance à laquelle les batteries se trouvent de la position au moment où elles quittent l'itinéraire jalonné, de la distance à laquelle l'ennemi a été aperçu, etc. Si, par exemple, la position à occuper n'est plus très éloignée, comme il ne sera pas utile de revenir à l'ancien itinéraire, il n'y a qu'à faire rallier sur la position tous les jalonneurs en lançant sur leur ligne un sous-officier intelligent et bien monté. S'il n'en est pas ainsi, l'aspect du terrain et la distance de l'ennemi peuvent permettre de fixer l'importance du détour indispensable. Dans ce cas, le sous-officier qui relève les jalonneurs reçoit l'ordre d'utiliser ceux de ces derniers qu'il aura relevés pour relier l'itinéraire jalonné à un point de « *rendez-vous* » où aboutira le détour.

Quelle que soit la solution adoptée, l'officier qui commande le groupe des voitures prélève sur la colonne quelques gradés pour éclairer sa marche pendant toute la durée du détour. La précaution prise en temps de paix de dresser un double jeu d'éclaireurs peut alors être appréciée à sa valeur.

Supposons maintenant que l'attaque n'ait pu être évitée; quelles mesures faut-il prendre au moment où elle se produit? Ces mesures doivent avoir été arrêtées à l'avance, car, au moment de l'ouverture du feu, il serait trop tard pour donner des ordres. Il peut, par exemple, être entendu, une fois pour toutes, que, si le groupe est surpris par un feu de mousqueterie à faible distance (1.000 ou 1.200 mètres au plus), chaque commandant de batterie a toute initiative pour s'éloigner et prendre du champ en utilisant les couverts à sa portée et en dirigeant ses voitures de façon à couvrir le plus possible les attelages par le matériel. L'officier qui commande le groupe se borne alors à diriger l'unité la plus rapprochée de lui et à laquelle les deux autres doivent chercher à se rallier dès qu'elles sont à 2.000 mètres des feux de mousqueterie. Pour mieux assurer ce ralliement, il convient d'envoyer aux unités leurs agents de liaison avec indication d'un « *rendez-vous* » dans la direction de la position. Cette indication ne doit pas, d'ailleurs, empêcher les batteries, une fois hors d'atteinte, de rallier, au plus tôt, la batterie de direction, par exemple si elles l'aperçoivent.

Le commandant du groupe des échelons opère comme le commandant des batteries de tir. Il s'efforce d'éviter l'attaque et, s'il doit la subir, il cherche à s'y soustraire aussitôt en gagnant du champ. Sa tâche est souvent facilitée par ce fait que l'ennemi porte surtout son attaque contre les batteries de tir comme il a intérêt à le faire. Ainsi averti, le commandant du groupe des échelons peut le plus souvent se soustraire au feu par un détour.

Il reste sous-entendu, dans ce qui précède, que si une ou plusieurs pièces ont leurs attelages abattus par le feu, elles sont immédiatement mises en batterie. Leur tir peut gêner l'ennemi, diminuer l'efficacité de son feu et appeler l'intervention des troupes amies qui peuvent accourir au bruit du canon pour les dégager.

Les mesures ci-dessus peuvent paraître compliquées ou délicates, mais il faut remarquer que la situation considérée pour le groupe est très difficile et que sa mission est, dans le cas envisagé, fortement compromise.

Sans doute, si chacun fait son devoir, ce cas sera tout à fait exceptionnel; mais, puisqu'il n'est pas impossible, il est prudent de le prévoir.

2° *Attaque rapprochée de cavalerie.*

L'artillerie attelée ne peut plus, comme dans le cas précédent, se soustraire à l'attaque, car elle ne peut prétendre lutter de vitesse avec la cavalerie. Elle n'a rien de mieux à faire que mettre en batterie dès que l'attaque se déclanche. Elle dispose d'ailleurs de très peu de temps, en général, et elle ne peut être prête à la riposte que si les mesures à prendre ont été arrêtées à l'avance et si le personnel y a été exercé. Le dispositif suivant paraît avantageux :

La batterie qui est la mieux placée pour faire face à l'attaque qui se déclanche met en batterie le plus rapidement possible, au commandement de son chef. Elle peut être désignée par le commandant du groupe des voitures en indiquant par geste le numéro de la batterie base de la formation.

Les deux autres batteries ont toute initiative pour diriger ou non une partie de leurs canons sur le même objectif que la première, mais sous la réserve de conserver toujours au moins une section chacune contre une attaque de flanc par rapport à la batterie-base.

Les avant-trains de la batterie du centre de la formation, serrés les uns contre les autres, les chevaux face en avant, se placent à quelques mètres des canons; les avant-trains des batteries des ailes prennent la même formation en serrant contre les avant-trains de la batterie du centre.

L'ensemble de la formation est représenté par la figure 7.

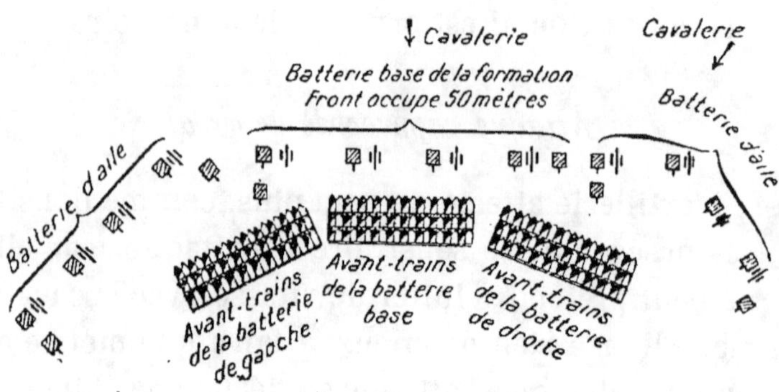

Fig. 7.

Il ne faut voir, bien entendu, dans cette formation, qu'une simple indication. Les chefs des avant-trains, en particulier, ont avantage à abriter les attelages en les plaçant face à un obstacle infranchissable s'il en existe un à l'arrière des batteries et dans leur voisinage immédiat.

Pour désigner la batterie base de la formation, le commandant du groupe des voitures peut procéder comme il suit :

Si l'attaque vient d'abord de l'avant et si le groupe est en colonne par pièce, il fait le signe 1 suivi du geste « en batterie ».

Il peut même, dans ce cas, commander verbalement.

Si le groupe est en ligne de colonnes, il fait le signe 2 suivi du signe « en batterie ».

Si l'attaque vient d'abord sur le flanc du groupe en marche en colonne par pièce, il fait le signe 2 suivi du signe « en batterie ».

Si le groupe est en ligne de colonnes, il fait le signe 1 ou le signe 3 suivant la direction de l'attaque.

Dans tous les cas, les batteries d'aile prennent leur place soit à droite, soit à gauche et de part et d'autre de la batterie-base, de façon que chacune d'elles ait à parcourir le trajet minimum.

Il y a lieu de remarquer que les commandants de batterie peuvent connaître les principes qui président au choix de la batterie-base et suppléer ainsi au défaut éventuel de désignation de cette batterie.

Le groupe des échelons se forme comme il sera dit dans un exercice ultérieur, lorsque, étant arrêté pour ravitailler les batteries, il a à subir une attaque de cavalerie.

II. — APPLICATIONS.

Application n° 1.

Le groupe doit se porter de A vers B (*fig.* 8) en suivant l'itinéraire jalonné J_1 à J_4. A son arrivée en D, l'officier qui commande le groupe des voitures apprend par l'un des éclaireurs de la patrouille de droite qu'un coup de sonde donné sur le chemin du bois $a\,b$ a éventé une forte colonne d'infanterie ennemie. La tête de cette colonne était, cinq minutes avant, à environ 1.500 mètres de la lisière $a\,b$ vers laquelle elle se dirigeait.

L'officier commandant les voitures raisonne alors ainsi :

La lisière $a\,b$ est à 1.000 mètres de l'itinéraire et l'infanterie ennemie peut y arriver en moins de dix minutes. Même au trot, il ne pourrait donc faire dépasser au groupe l'espace $J_1 J_2$ sans être attaqué. Au contraire, en passant à l'ouest du bois C, il s'éloigne immédiatement de $a\,b$ pour chemi-

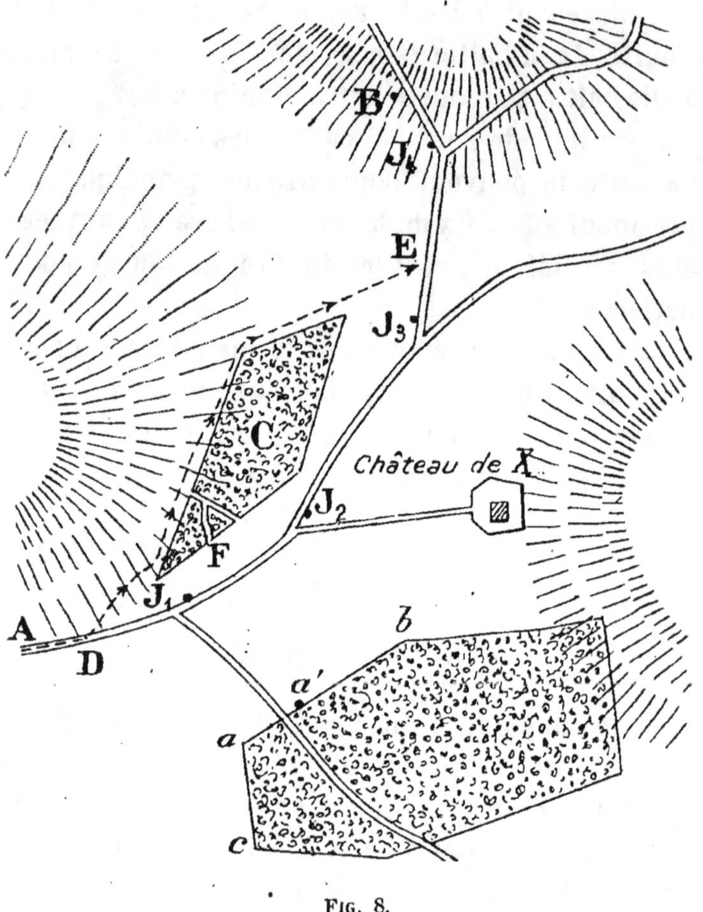

Fig. 8.

ner peu après à l'abri des vues. Telle est, par suite la décision à laquelle il s'arrête. En conséquence, le groupe des voitures, éclairé en avant par deux gradés prélevés sur les batteries, est dirigé suivant l'itinéraire marqué par des flèches. En même temps, un sous-officier bien choisi est envoyé sur l'itinéraire abandonné avec mission de relever les jalonneurs jusqu'au nord du bois C à rattacher à partir de ce point à l'itinéraire du chef d'escadron.

Cette mission est d'ailleurs facilement exécutée, car le jalonneur J_4 est vu du nord du bois C sans qu'il soit besoin d'utiliser les jalonneurs relevés J_1, J_2, J_3. Un de ces derniers est néanmoins placé vers E sur la bonne route à prendre.

De son côté, le groupe poursuivant sa marche sans nouvel incident arrive au jalonneur J_4 chargé de lui-indiquer la position d'arrêt éventuel, face au nord-est.

Application n° 2.

L'hypothèse est la même que pour l'application précédente, sauf que, la présence de l'infanterie ennemie n'ayant pas été éventée, les batteries sont surprises par des feux de mousqueterie partant du front aa'. A ce moment, la tête de la 1re batterie a dépassé J_1, celle de la 2e est vers J_1 et la 3e en arrière.

La 1re batterie échappe à vive allure par le chemin F, la 2e batterie par l'ouest du bois C, sauf sa première pièce qui, n'ayant pu tourner à temps, à dû suivre la 1re batterie. La 3e batterie éprouve peu de difficulté à échapper derrière le bois C.

Le groupe se rallie ensuite très facilement. D'ailleurs, pour plus de sûreté, les agents de liaison ont transmis l'ordre suivant :

« Ralliement au nord du bois C. »

Les échelons qui n'étaient pas encore séparés se portent aussi au nord du bois C.

Les jalonneurs J_1, J_2, J_3 ont été relevés par un sous-officier fourni par la 1re batterie.

Application nº 3.

A son arrivée au delà de J₂, le groupe est chargé d'abord sur son flanc droit par un escadron venant des environs du château de X... et, peu après, par un autre escadron venant du bois *a b* dans la direction sud-nord.

Le groupe étant en colonne par pièce, le commandant de la deuxième batterie se met en batterie face à droite, sans même attendre le geste du commandant de groupe.

La 3ᵉ batterie se place à droite de la 2ᵉ batterie, tournant deux pièces vers l'attaque et deux autres vers le bois *a b* : ces deux pièces auront bientôt à prendre sous leur feu le 2ᵉ escadron ennemi.

La 1ʳᵉ batterie, qui marchait en tête, se place à gauche de la formation ; le terrain étant découvert très loin de ce côté et aucune attaque n'y étant menaçante, les deux pièces d'aile de cette batterie sont placées sensiblement sur le prolongement du front.

Les avant-trains sont abrités à une centaine de mètres en arrière de la droite de la formation, les chevaux serrés les uns contre les autres, la tête des attelages de devant tout contre la corne sud-est du bois C, supposé impénétrable en dehors des chemins.

5e EXERCICE [1].

MARCHE D'APPROCHE DU GROUPE

IVᵉ PARTIE.

Formations (ou ordres) à adopter dans la marche à travers champs. — Séparation du groupe des échelons. — Application.

I. — FORMATIONS DU GROUPE DANS LA MARCHE A TRAVERS CHAMPS.

Colonne par pièce.

Comme on le sait (3ᵉ exercice), le service de sécurité immédiate est destiné à éventer les attaques *rapprochées* qui pourraient surgir à l'improviste dans certaines zones insuffisamment occupées ou surveillées par des troupes amies. Contre les surprises à grande distance par le feu d'une artillerie ennemie en position, le groupe utilise des cheminements défilés, en suivant le plus possible les routes et les chemins afin de diminuer la fatigue des chevaux.

Lorsque le groupe ne dispose que d'une seule

---

(1) *Règlement de manœuvre :*
Titre VI, nᵒˢ 41 à 46, 81, 83, 85, 86, 88, 90, 92, 95.
Titre VII, nᵒ 5.
Cet exercice intéresse tous les officiers du groupe et le double jeu des agents de liaison à instruire. Il doit comprendre des séances en chambre, des séances à l'extérieur avec cadres et enfin des séances avec les batteries, d'abord sur le terrain de manœuvre, puis en terrain varié, avec hypothèses convenables pour faire prendre en conséquence les diverses formations appropriées et bien assouplir les batteries attelées.

route défilée, il prend la *formation de la colonne par pièce* (1er exercice).

Ligne de colonnes par pièce.

Quand aucune route ou aucun chemin ne permet de marcher à l'abri des vues de l'ennemi, le groupe se déplace à travers champs de façon à rester défilé.

Il se forme alors généralement *en ligne de colonnes par pièce*, le groupe des échelons suivant dans la même formation le groupe des batteries de tir (1).

Dans cette formation, les trois batteries marchent chacune en colonne par pièce, les trois colonnes étant séparées par des intervalles variables suivant le terrain et les nécessités du défilement.

Toutefois, ces intervalles ne doivent jamais être réduits au-dessous de 14 mètres de roues à roues, de façon que la batterie du centre ne risque pas d'être gênée dans sa marche en terrain varié lorsque des obstacles naturels l'obligent à faire des crochets. On a même avantage, *si le défilement reste possible*, à adopter des intervalles assez grands, de façon à diminuer la vulnérabilité du groupe dans le cas où il tomberait sous un feu d'artillerie, que ce feu soit réellement dirigé sur lui ou sur d'autres troupes du voisinage. Toutefois, pour ne pas trop compliquer le commande-

---

(1) Dans la marche en ligne de colonnes en terrain varié, le commandant du groupe des voitures ne doit pas oublier de faire éclairer la marche par un ou deux éclaireurs de terrain.

ment, il est prudent de ne pas augmenter les intervalles au delà d'une limite de 80 à 100 mètres, d'ailleurs très suffisante pour le déploiement instantané du groupe à intervalles normaux. La figure 9 résume ces dispositions.

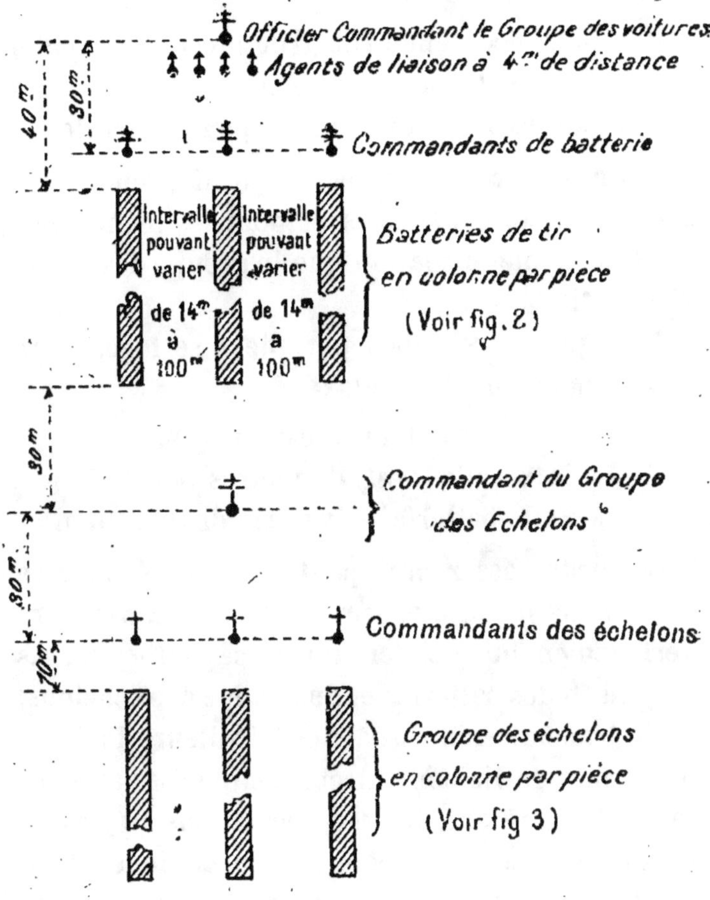

Fig. 9.

Les avantages de la ligne de colonnes par pièce sont les suivants :

a) La profondeur du groupe est le tiers de la longueur de la formation en colonne par pièce ;

b) Le front peut en même temps être réduit au nécessaire pour l'utilisation des moindres masques ou accidents du terrain.

c) Si le terrain est mou et détrempé, la marche est moins pénible que si toutes les batteries suivaient la même piste.

d) Enfin, l'écoulement du groupe est plus rapide, ce qui facilite le service des éclaireurs dans leurs bonds successifs, d'observatoire en observatoire.

Quant au groupe des échelons, il prend, dans les mêmes circonstances et pour les mêmes raisons, la même formation que le groupe des batteries de tir.

La ligne de colonnes par pièce se forme aux commandements suivants :

« Ligne de colonnes par pièce ».
« Intervalle (*tant*) de mètres. »
« Telle batterie — batterie de direction. »

Cet ordre assez bref peut être donné de vive voix, mais il est plus sûr de le faire transmettre verbalement aux officiers intéressés par les agents de liaison des batteries et du groupe des échelons. Cette transmission verbale est d'ailleurs facile si les agents de liaison ont été familiarisés avec les termes relatifs aux diverses formations du groupe et s'ils connaissent bien ces formations elles-mêmes. De plus, pour éviter toute erreur, les agents de liaison ne doivent jamais oublier que tout ordre verbal doit être répété avant de quitter celui qui l'a donné. Enfin, les agents de liaison doivent opérer avec calme, rapidité et correction, comme le prescrit le Règlement. C'est ainsi qu'ils ne doivent prendre les allures vives qu'après avoir fait une dizaine de mètres au pas et revenir à allure modérée, une fois l'ordre transmis. Les allures vives ne doivent pas être d'ailleurs exagérées, même dans le cas envisagé ici, où la distance à parcourir est relativement très faible. Il ne faut pas oublier, en effet, que, pour des parcours de longue durée, la *vitesse ordinaire* ne dépasse pas 9 kilomètres à l'heure, *seule la vitesse rapide autorisant l'emploi du galop*. Dans la manœuvre du groupe à travers champs, le galop régulier de 340 mètres paraît très suffisant pour la rapide transmission des ordres.

Ligne de colonnes par pièces doublées.

Si les nécessités du défilement exigent une plus grande réduction de la profondeur occupée sans extension du front, le groupe peut être formé en *ligne de colonnes par pièces doublées :* cette formation ne diffère de la précédente qu'en ce que chaque batterie est en colonne par pièces doublées au lieu d'être en colonne par pièce.

La formation en ligne de colonnes par pièces doublées est évidemment moins souple que la ligne de colonnes par pièce.

Si, *pour stationner*, le groupe est formé en ligne de colonnes, les intervalles entre les colonnes peuvent être plus faibles que pendant la marche. Ils peuvent même, au besoin, être réduits à 2 ou à 6 mètres suivant que les batteries sont en colonne par pièce ou en colonne par pièces doublées.

Passage rapide de certains terrains découverts.

Lorsque le terrain présente des parties découvertes de front étroit, il est généralement facile de les contourner.

Lorsqu'au contraire les passages découverts à parcourir occupent de grands fronts, la formation *en bataille* est la plus favorable à *l'écoulement rapide* du groupe. Cette formation est aussi la moins vulnérable, puisque les voitures sont encore plus disséminées que dans la ligne de colonnes par pièce. Toutefois, si le terrain, tout en étant découvert, ne présente qu'un nombre très limité de points de passage, la ligne de colonnes se prête encore mieux à leur franchissement.

Quelle que soit, d'ailleurs, la formation adoptée pour franchir un terrain découvert, il est prudent, une fois à l'abri des vues, de se déplacer latéralement pour éviter les coups longs d'un tir dirigé sur les points où les batteries ont été visibles.

Dans le groupe en bataille, les batteries sont juxtaposées, l'intervalle entre deux batteries étant le double de l'intervalle entre les pièces de chaque batterie.

Le groupe des échelons se conforme en temps opportun à la formation prise par le groupe des batteries de tir. Au besoin, sa distance peut être légèrement augmentée, quitte à être réduite ensuite. Enfin, il franchit, autant que possible, les passages découverts à des endroits différents de ceux où les batteries ont pu être vues et attirer le feu.

Pour former le groupe en bataille, les commandements à transmettre verbalement par les agents de liaison sont :

« Ordre en bataille. »

« Intervalle entre les pièces : tant de mètres. »

« Telle batterie — batterie de direction. »

II. — Séparation du groupe des échelons.

La séparation du groupe des échelons ne doit pas être prématurée, afin de ne pas rendre trop difficile le service des éclaireurs ainsi que les croisements de colonnes. D'ailleurs, les échelons suivent d'autant plus facilement le groupe des batteries de tir qu'ils en sont plus rapprochés.

Il ne faut cependant pas attendre d'arriver sur la position pour séparer les échelons; cette séparation doit toujours se faire au plus tard quand la tête des batteries de tir arrive à 500 ou 1.000 mètres de la position.

Pour séparer les échelons, le commandant de groupe, ou l'officier désigné pour le remplacer en son absence, fait transmettre, par l'agent du groupe des échelons, aux commandants de batterie et au commandant du groupe des échelons, l'ordre :

« Séparez les échelons. »

Dès la réception de cet ordre, chaque commandant de batterie renvoie à l'échelon le brigadier qui en avait été détaché lors de la formation de la colonne. Ce brigadier s'y place à côté du conduc-

teur de devant de la 2ᵉ voiture, après avoir transmis l'ordre de séparation.

A la mise en batterie, il rejoindra le commandant de batterie pour le renseigner sur l'emplacement de l'échelon dont il est l'agent de liaison.

Quant à l'agent du groupe des échelons, après
avoir transmis l'ordre de séparation, il marche,
jusqu'à la mise en batterie, à 1ᵐ50 derrière le commandant du groupe des échelons.

Après la mise en batterie, il rejoindra le chef
d'escadron pour le renseigner sur l'emplacement
du groupe des échelons dont il est l'agent de liaison.

De son côté, au reçu de l'ordre de séparation, le
commandant du groupe des échelons règle sa
marche de façon à laisser prendre au groupe des
batteries de tir une certaine avance qui ne doit
jamais dépasser 500 mètres. Cette limite est, en
effet, suffisante pour trouver un emplacement d'arrêt convenable si le groupe prend sa formation de
combat, et elle n'est pas exagérée au point de rendre difficile la filature des batteries. Si, d'ailleurs,
un encombrement de troupes, le passage d'un
défilé, la traversée d'un grand village, etc., peuvent lui faire craindre de perdre la trace des batteries, le groupe des échelons diminue momentanément sa distance.

A la distance maximum de 500 mètres, le commandant du groupe des échelons peut généralement suivre à la vue le groupe des batteries de tir.
Mais, si le terrain est couvert, il fera bien de faire
jalonner l'itinéraire des batteries, au besoin par
deux de ses agents de liaison sous les ordres d'un

sous-officier. Ce sous-officier ne doit jamais perdre les batteries de vue.

III. — Application.

Le groupe doit se rendre de R (*fig.* 10) en A.
Le terrain peut être vu de l'ennemi dans toute

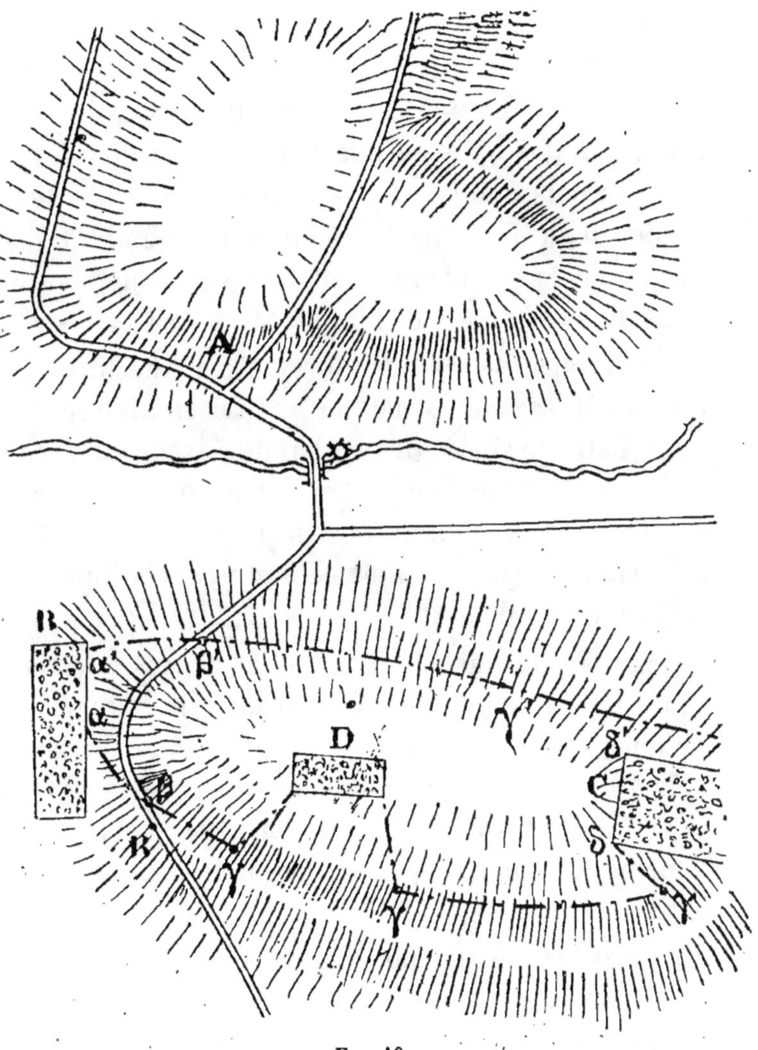

Fig. 10.

la partie comprise entre les courbes α β γ δ, α' β' γ' δ'.

Jusqu'en R, le groupe était en colonne par pièce.

A l'ouest du bois B, le terrain est complètement découvert ainsi qu'à l'est du bois C.

Le terrain découvert entre les bois B et C a un front de 3 kilomètres et une profondeur d'environ 800 mètres à l'ouest, 1.500 mètres au centre, 900 à 1.000 mètres à l'est.

L'officier commandant le groupe des voitures décide de faire passer une batterie en colonne le long du bois B suivant α α', les deux autres batteries en bataille de part et d'autre du chemin β β'. Pour que le mouvement ait lieu simultanément le groupe est arrêté dès la formation prise.

La batterie de tête est alors en colonne le long du bois B, sa tête à quelques mètres en arrière de α; la batterie du centre en bataille avec de larges intervalles (30 mètres) entre le bois et le chemin, son front un peu en arrière de la ligne α β; la 3e batterie est placée comme celle du centre, mais à l'est du chemin.

Ces dispositions étant prises et au geste « En avant ! » du commandant de groupe, les batteries s'élancent à vive allure; elles ne passent au pas qu'au geste de leur commandant lorsque la ligne α' β' γ' a été franchie. A ce moment le groupe est reformé en colonne par pièce sur le chemin qui conduit à A.

Le groupe des échelons, qui n'était pas encore séparé, laisse passer les batteries; pendant ce temps, il se forme en ligne de colonnes derrière le bois D. A un signal de son chef, il se forme en bataille sur un large front, un échelon passant à l'est du bois D, les deux autres à l'ouest; tous à vive allure franchissent la zone exposée aux vues et obliquent aussitôt vers le chemin où ils se remettent en colonne par pièce.

6ᵉ EXERCICE [1]

RECONNAISSANCE DE LA POSITION AFFECTÉE AU GROUPE

Iʳᵉ PARTIE
Dispositions générales et notions fondamentales.

I. — DISPOSITIONS GÉNÉRALES.

L'avance gagnée pendant la marche d'approche par le chef d'escadron et les agents de reconnaissance doit être mise à profit pour préparer l'entrée en action des batteries *par surprise* et, *autant que possible, sans temps d'arrêt*. Ce résultat ne peut être obtenu que si tout le personnel qui participe à la reconnaissance de la position est entraîné à opérer *à couvert, très rapidement en même temps que très sûrement*.

---

(1) *Règlement de manœuvre :*
Titre V, nᵒˢ 68, 69, 70.
Titre VI, nᵒˢ 44, 48, 54, 55, 56, 87 et 93.
Cet exercice intéresse tous les officiers du groupe et spécialement le commandant et les capitaines. Son but est de gymnastiquer ces derniers officiers dans le choix *à simple vue* des emplacements approximatifs des batteries en arrière des couverts et des masques. Il comporte de nombreuses séances en chambre et sur le terrain.
Les séances en chambre doivent être consacrées à de nombreuses applications analogues à celles qui seront données à titre d'exemples, à la fin du 6ᵉ exercice.
Les séances sur le terrain doivent comprendre d'abord de nombreuses mesures de pentes au sitomètre, de façon à exercer l'œil à l'évaluation des pentes à vue sans mettre pied à terre. Dans les séances suivantes, on exécute, *sur le terrain*, des exercices d'application analogues à ceux qui ont fait l'objet des séances au quartier.

La *reconnaissance du chef d'escadron* comprend :

L'examen, sur le terrain, de la situation et de la mission du groupe, *la répartition de cette mission entre les batteries;*

La recherche des observatoires pour le groupe et les batteries;

La détermination, à simple vue, des emplacements des pièces et des avant-trains; l'étude des moyens de commandement possibles;

Et, enfin, *la mise au courant des capitaines en ce qui concerne la situation, la mission et les solutions adoptées.*

La reconnaissance des capitaines comprend :

Le jalonnement du front de la batterie et celui de la direction de la pièce directrice, s'il y a lieu;

La détermination précise et l'organisation de l'observatoire de batterie;

Le choix de l'emplacement précis des avant-trains;

Et, enfin, *l'installation des moyens de transmission des ordres, si l'observatoire est hors de la batterie.*

Ces diverses opérations ne peuvent être menées rapidement que si l'on y procède avec une méthode presque schématique et si l'on possède quelques notions fondamentales permettant de trouver, à *simple vue,* des solutions assez approchées. Ces notions concernent le choix des emplacements approximatifs des batteries et des observatoires. Elles sont développées ci-après.

II. — Notions fondamentales relatives au choix des emplacements approximatifs des batteries.

Il s'agit d'arriver à se rendre compte, *au simple aspect de la position et d'après la répartition de la mission du groupe entre les batteries*, de la façon dont celles-ci doivent être disposées sur le terrain, d'une part, en profondeur par rapport au masque ou au couvert, d'autre part, sur le front affecté au groupe.

1° *Échelonnement des batteries par rapport à un couvert.*

Il y a lieu de remarquer tout d'abord que cet échelonnement n'est pas à envisager, en général, si les batteries ont des missions identiques et si les emplacements à occuper sont parallèles au couvert.

Au contraire, si les batteries doivent tirer, les unes sur des objectifs rapprochés, les autres sur des objectifs éloignés ou, encore, si les emplacements sont très obliques par rapport au couvert, seul un certain échelonnement peut permettre à chaque batterie d'utiliser le couvert dans toute la mesure compatible avec la mission dont elle est chargée. Le commandant de groupe ne peut alors se contenter de répartir uniformément entre ses batteries le front à occuper. Il doit, en prévision de l'exécution du tir et des changements d'objectif, ménager entre les batteries des intervalles d'autant plus étendus que l'échelonnement de ces batteries est plus considérable. Le Règlement admet que l'*intervalle* entre deux batteries doit être *au moins égal à leur échelonnement*. C'est donc la valeur de cet échelonnement qu'il faut avant tout connaître, de façon à fixer les intervalles en conséquence. On est ainsi conduit à rechercher comment chaque batterie doit se placer pour pouvoir remplir sa mission en tirant par-dessus le couvert.

Le titre IV du Règlement de manœuvre donne des procédés pour résoudre ce problème, mais ces procédés conviennent surtout aux capitaines; *le commandant de groupe doit opérer plus rapidement, sans rechercher autant de précision.* Dans le cas d'un couvert, en particulier, il a avantage à adopter les deux règles très simples ci-après, dont l'application *n'exige que l'appréciation à vue de la pente du terrain à occuper* (1). *Ces règles permettent en effet de déterminer, d'après la pente, les emplacements à occuper, d'une part, dans la zone voisine de la crête, d'autre part, dans la région qui en est éloignée ou zone des grands défilements.*

La première fait connaître la valeur de l'espace mort correspondant, dans la zone de crête, à divers degrés de défilement (homme à pied, homme à cheval, lueurs, etc.).

Elle peut s'énoncer ainsi :

Règle 1re. — *Lorsque, sur une pente de n p. 100, on prend, par rapport à un but d'angle de site n′ p. 100, les défilements de l'homme à pied, de l'homme à che-*

---

(1) L'appréciation assez exacte des pentes s'acquiert très vite.

val, des lueurs et de la poussière, les espaces morts correspondants sont de 2 N, 3 N, 4 N et 5 N hectomètres, N étant la différence n — n' *(1).*

Il suffit alors de prendre le défilement dont l'espace mort est compatible avec la mission à remplir.

Pour le cas où le défilement doit être considéré par rapport à un point dangereux autre que le

---

(1) Soient (*fig. 11*) SH l'horizontale du sommet du couvert, E un emplacement d'où il est possible d'atteindre, sans écrêter, un but B dont l'angle de site est S, A un point situé à 1 mètre au-dessus de E, et, d'une façon plus générale, D le point dangereux dont il convient de se défiler.

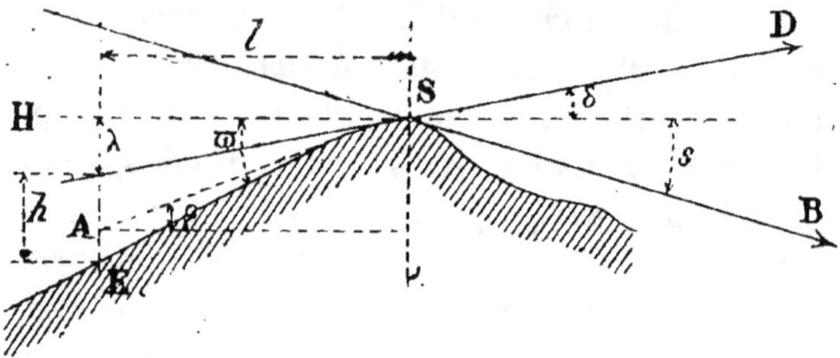

FIG. 11.

Cherchons l'espace mort E_m en hectomètres (compté sur la ligne AB).

On a, par définition de E_m (voir : *Pratique du tir*) :

$$1000 \ tg \ \rho = KE_m + 1000 \ tg \ s$$

où ρ et s sont évalués en degrés et minutes, E_m en hectomètres.

Pour la cartouche à obus à balles de 75, K est compris entre 2 et 3. Or, sur la figure 11, on a :

$$tg \ \rho = \frac{h - 1 + \lambda}{l}$$

$$\lambda = l \ tg \ \delta$$

$$h + \lambda = l \ tg \ \varpi$$

D'où, en éliminant λ, ρ et l entre ces trois équations et la précédente :

$$E_m = \frac{1000}{K}\left(tg \ \varpi - tg \ s - \frac{tg \ \varpi - tg \ \delta}{h}\right)$$

but, on pourrait indiquer une règle analogue à la précédente ; mais, comme elle serait beaucoup moins simple (1) à appliquer, il est préférable de s'en abstenir. Cette abstention est d'autant plus justifiée que la règle en question n'est pas indispensable. Il suffit, en effet, de remarquer que, pour

---

Remplaçant les tangentes par les valeurs des angles en millièmes, c'est-à-dire posant :

$$1000 \, \text{tg} \, \varpi = p, \quad 1000 \, \text{tg} \, s = S, \quad 1000 \, \text{tg} \, \delta = \Delta,$$

il vient, en prenant, d'autre part, $K = 2$:

$$E_m = 0,5 \left(p - S - \frac{p - \Delta}{h} \right)$$

Si, au lieu d'évaluer p, S, Δ en millièmes, on les évalue en centièmes, on a $p = 10 \, n$, $S = 10 \, n'$, $\Delta = 10 \, n''$ et :

$$(1) \qquad E_m = 5 \left(n - n' - \frac{n - n''}{h} \right)$$

Si le défilement est considéré par rapport au but, on a $n'' = n'$ et la formule (1) devient :

$$E_m = 5 \, (n - n') \frac{h - 1}{h} = 5 \, N \frac{h - 1}{h} \quad \text{où} \quad N = n - n'$$

Pour : $h = 1^m,50$ (défilement de l'homme à pied), on a : $E_m = 1,6 \, N$.

Pour $h = 2^m,50$ (défilement de l'homme à cheval), on a : $E_m = 3 \, N$.

Pour $h = 4$ mètres (défilement des lueurs) on a : $E_m = 3,7 \, N$.

Pour $h = 8$ mètres (défilement de la poussière et de la fumée des canons), on a : $E_m = 4,3 \, N$.

De même que l'on a déjà pris pour K la valeur la plus faible 2, on adopte, pour éviter tout mécompte dans le tir, les coefficients 2, 3, 4 et 5 en remplacement de 1,6, 3, 3,7, et 4,3.

Les espaces morts sont alors, dans l'hypothèse $n' = n''$, égaux à $2 \, N$, $3 \, N$, $4 \, N$ et $5 \, N$.

(1) En faisant successivement dans la formule (1), $h = 1^m 50$, $2^m 50$, 4^m et 8^m, on a comme espaces morts correspondants :

$$E_m = 5 \, (n - n') - 3 \, (n - n'') = 5 \, N - 3 \, N'$$
$$E_m = 5 \, (n - n') - 2 \, (n - n'') = 5 \, N - 2 \, N'$$
$$E_m = 5 \, (n - n') - (n - n'') = 5 \, N - N'$$
$$E_m = 5 \, (n - n') - 0,6 \, (n - n'') = 5 \, N - 0,6 \, N'$$

N représentant la différence $n - n'$ et N' la différence $n - n''$.

Pour plus de sécurité et de simplicité, on remplace, dans la dernière expression, le coefficient 0,6 par 0,5.

tout emplacement, le défilement considéré par rapport au point dangereux est toujours inférieur au défilement considéré par rapport au but qui est, par hypothèse, situé plus bas que le point dangereux.

Le défilement maximum possible par rapport au but pour tirer sans écrêter est donc aussi le défilement maximum qu'il est possible de prendre par rapport au point dangereux.

On se borne, en conséquence, à rechercher le défilement maximum possible par rapport au but. Si ce défilement, considéré par rapport au point dangereux, n'est pas aussi grand qu'on l'aurait désiré, on n'y peut rien, à moins de prendre une autre position de batterie. S'il est, au contraire, jugé excessif, on a toute latitude pour le diminuer.

ZONE DES GRANDS DÉFILEMENTS.

La règle qui précède a été établie en supposant que les emplacements occupés sont assez près du sommet du couvert pour pouvoir considérer la distance de tir comme invariable ainsi que l'angle de site du but. Or, ces hypothèses ne sont plus admissibles si l'on consent à s'éloigner considérablement du couvert, de plusieurs centaines de mètres par exemple.

Lorsqu'on descend une pente, l'angle de site du sommet du couvert ne tarde pas à rester à peu près constant et voisin de l'inclinaison du terrain, alors que l'angle de site du projectile à l'aplomb du couvert croît en raison de l'augmentation de la

distance de tir et surtout en raison de l'accroissement de l'angle de site du but (1).

Il en résulte que si d'un emplacement le projectile ne passe pas, on peut, en reculant le long
de la pente, arriver à un emplacement où l'angle
de site du projectile devient égal à celui du sommet du couvert. A partir de cet emplacement, le
projectile passe de plus en plus à mesure que
l'on descend la pente, puisque son angle de site
va en croissant constamment, alors que, dans la
région considérée, l'angle de site du sommet du
couvert reste à peu près constant. D'autre part,
dans le voisinage de la crête, le tir est toujours

---

(1) Soient (*fig.* 12) C le sommet du couvert. E un emplacement quelconque, EA la hauteur de genouillère, *égale à*
1 *mètre.*

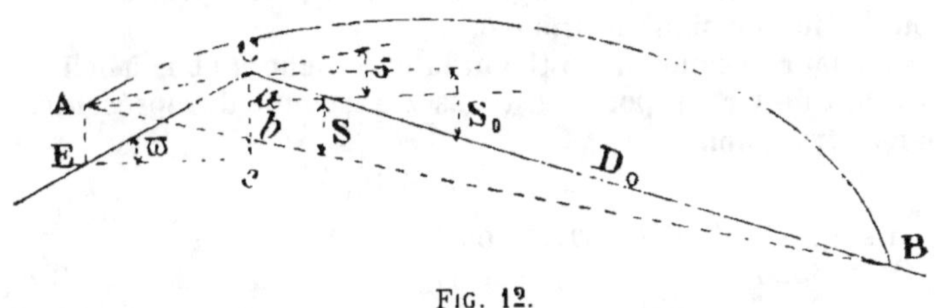

FIG. 12.

L'angle de site du sommet C, vu de A, a pour expression :

$$\operatorname{tg} \sigma_A = \frac{Cc - ac}{Ec} = \frac{CE \sin \varpi - I}{CE \cos \varpi}$$

ou :

$$\operatorname{tg} \sigma_A = \operatorname{tg} \varpi - \frac{1}{CE \cos \varpi}$$

Le terme négatif du second membre diminue quand CE
augmente, mais l'accroissement de $\operatorname{tg} \sigma_A$ devient rapidement
négligeable dès que CE atteint quelques centaines de mètres.
Par exemple, pour CE = 200 mètres et une pente déjà forte
de 80 millièmes (cos ϖ = 0, 997), on a $\frac{1}{CE \cos \varpi}$ = 5 millièmes
environ.

L'angle de site σ_A croît donc d'abord très rapidement lorsque, partant de C, on descend la pente CE, mais il cesse

possible à partir d'un certain défilement maximum, en raison de la hauteur de genouillère.

Si donc la pente présente une zone d'où le tir est impossible par-dessus la crête, on est certain qu'elle présente aussi deux autres zones d'où le tir est possible : *la zone de crête et la zone des grands défilements.*

L'étude particulière de la zone des grands défilements (1) conduit à la règle très simple suivante

---

bientôt de croître d'une façon sensible dès qu'on arrive à 200 ou 300 mètres en arrière de C.

Au contraire, dans le tir sur un but déterminé B, l'angle de site du projectile à l'aplomb de C augmente constamment avec CE. Cet angle de site, en effet, évalué en millièmes, est égal, comme on le sait (voir *Pratique du tir*), à :

$$\varphi_{AB} - \varphi_{Ab} \pm S,$$

φ_{AB}, φ_{Ab} étant les angles de projection correspondant aux portées AB, Ab, et S l'angle de site du but pris avec la convention de signe ordinaire.

Or, pour le canon de 75 tirant la cartouche à obus à balles, la table de tir en portée est assez exactement représentée par l'expression :

$$\varphi_D = 4\,D^2 + 16\,D,$$

la distance D étant exprimée en kilomètres.

On a donc :

$$\varphi_{AB} - \varphi_{Ab} = 4\left(\overline{AB}^2 - \overline{Ab}^2\right) + 16\,(AB - Ab)$$

ou, en remplaçant AB par Ab + bB :

$$\varphi_{AB} - \varphi_{Ab} = 4\,\overline{bB}^2 + 16\,bB + 8\,bB \times Ab.$$

bB reste constant, mais Ab augmente aussi vite que CE. Comme $\pm$ S augmente aussi avec CE, on voit que l'angle de site du projectile croît constamment avec CE.

(1) On pourrait déterminer directement, pour une pente et un but donnés, la limite de la zone de crête en arrière de laquelle le tir sans écrêter devient impossible, et la limite de la zone des grands défilements en arrière de laquelle cette impossibilité prend fin. Il suffirait d'exprimer qu'en ces limites l'angle de site du projectile à l'aplomb du couvert est égal à l'angle de site de ce dernier. Mais les formules seraient compliquées. Il est plus simple d'étudier séparément la zone des grands défilements pour laquelle on peut négli-

qui constitue la seconde des deux règles annoncées précédemment :

2e RÈGLE. — Soit p la pente en millièmes, S_o et D_o l'angle de site et la distance du but, appréciés

---

ger la hauteur de genouillère et admettre que l'angle de site du couvert est constamment égal à la pente p. Soit (*fig.* 13) ECB la trajectoire qui part de E et aboutit à B en rasant la crête C.

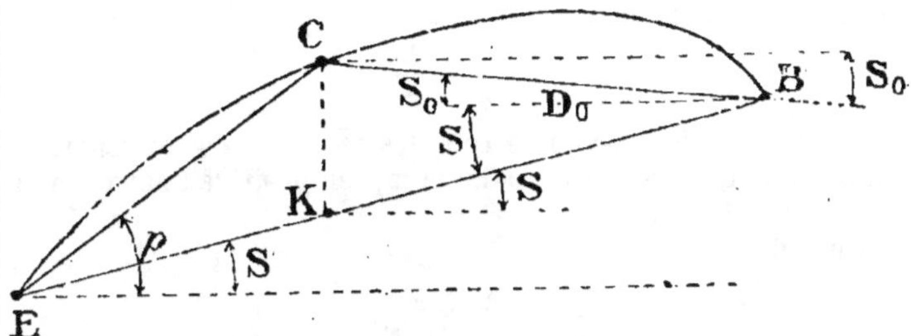

FIG. 13.

L'angle de site du projectile Σ_p à l'aplomb de C est égal, d'après un théorème connu (Voir : *Pratique du tir*), à

$$\Sigma_p = 4\left(\overline{EB}^2 - \overline{EK}^2\right) + 16\,(EB - EK) + S.$$

Or, dans les triangles BCK, ECK on a :

$$\frac{BK}{\cos S_o} = \frac{D_o}{\cos S}$$

$$\frac{EK}{\cos p} = \frac{EC}{\cos S}.$$

D'où

$$BK = D_o\,\frac{\cos S_o}{\cos S}.$$

$$EK = EC\,\frac{\cos p}{\cos S}$$

Lorsque p, S_o et S varient de zéro à 100 millièmes, limite rarement atteinte dans la pratique, les rapports $\dfrac{\cos S_o}{\cos S}$, $\dfrac{\cos p}{\cos S}$ varient de 1 à 0,99. Leur variation a donc une influence négligeable sur la valeur de Σ_p où l'on peut remplacer simplement EK par EC, et EB par EC $+ D_o$. On a ainsi :

$$\Sigma_p = 4\left[(EC + D_o)^2 - \overline{EC}^2\right] + 16\,D_o + S$$

ou

$$\Sigma_p = 4\,D_o^2 + 16\,D_o + 8\,D_o \times EC + S.$$

ou mesurés du sommet du couvert. Soit D_p la distance des tables de tir pour l'angle $p - S_o$.

Si D_o est supérieure à D_p le tir est possible de n'importe quel point de la pente.

D'autre part, dans le triangle BCE, on a :

$$\frac{D_o}{p-S} = \frac{EC}{S + S_o}.$$

Sur la figure, S_o est négatif. Sur une figure où il serait positif, on aurait :

$$\frac{D_o}{p-S} = \frac{EC}{S - S_o}.$$

Cette formule convient à tous les cas avec les conventions habituellement admises pour compter positivement ou non les angles de site.

On a donc :

$$S = \frac{p \times EC + S_o\, D_o}{D_o + EC}.$$

Par suite :

$$\Sigma_p = 4\, D_o{}^2 + 16\, D_o + 8\, D_o \times EC + \frac{p \times EC + S_o\, D_o}{D_o + EC}.$$

En E, cet angle de site Σ_p est, par hypothèse, égal à celui p du couvert. On a donc, pour définir CE, l'équation :

$$4\, D_o{}^2 + 16\, D_o + 8\, D_o \times EC + \frac{p \times EC + S_o\, D_o}{D_o + EC} = p.$$

Si le projectile passe sans araser, il suffit de remplacer le signe $=$ par le signe $>$.

Le projectile passe donc si l'on a :

$$4\, D_o{}^2 + 16\, D_o + (4\, D_o + 16) \times EC + 8\, D_o \times EC + 8\, \overline{EC}^2 - (p - S_o) \geqq 0$$

ou

$$8\, \overline{EC}^2 + (12\, D_o + 16)\, EC + 4\, D_o{}^2 + 16\, D_o - (p - S_o) \geqq 0.$$

Soit D_p la portée que l'on obtiendrait suivant CB en tirant sous l'angle $p - S_o$. On a :

$$p - S_o = 4\, D_p{}^2 + 16\, D_p.$$

Le projectile passe donc si l'on a :

$$(A)\; 8\, \overline{EC}^2 + 4\, (3\, D_o + 4)\, EC + 4\, (D_o{}^2 - D_p{}^2) + 16\, (D_o - D_p) \geqq 0.$$

Cette condition est satisfaite, quelle que soit la valeur de EC, c'est-à-dire quel que soit l'emplacement de tir, si l'on a $D_o > D_p$.

Ce cas est particulièrement intéressant, car le chef d'escadron est alors délivré, dans le choix des emplacements, de la préoccupation de pouvoir tirer sans écrêter le couvert.

Si D_o est inférieure à D_p, le tir est possible mais en reculant, le long de la pente, d'une quantité égale à $D_p - D_o$ à compter du sommet du couvert.

La zone des grands défilements procure aux

Si, au contraire, D_o est inférieure à D_p, la condition n'est remplie que si EC a une valeur convenable. Tout d'abord, si on prend $EC = D_p - D_o$, il est facile de voir que l'inégalité est satisfaite. En y remplaçant, en effet, EC par $D_p - D_o$, on a, comme premier membre de l'inégalité :

$$8 (D_p^2 + D_o^2 - 2 D_o D_p) + 4 (3 D_o + 4) (D_p - D_o) + 4 (D_o^2 - D_p^2) + 16 (D_o - D_p).$$

ou

$$4 D_p (D_p - D_o),$$

expression positive puisque, par hypothèse, $D_p > D_o$.

Si l'on pose $D_p - D_o = L$, d'où $D_p = L + D_o$, le premier membre de l'inégalité s'écrit :

$$8 \overline{EC}^2 + (12 D_o + 16) EC - 4 L (2 D_o + L) - 16 L.$$

Il devient, pour $EC = \frac{7}{10} L$:

$$3,9 L^2 + 8,4 D_o L + 11,2 L - 8 LD_o - 4 L^2 - 16 L$$

ou

$$- 0,1 L^2 + 0,4 D_o L - 4,8 L,$$

ou

$$- L (0,1 L - 0,4 D_o + 4,8),$$

expression négative, car, même pour $D_o = 5$ kilomètres, le terme négatif est inférieur à 4,8.

Donc, pour $CE = D_p - D_o$, le projectile passe sûrement; il ne passe pas pour $CE = \frac{7}{10} (D_p - D_o)$.

Pour simplifier et pour être sûr de passer largement sans écrêter on admet que la limite de la zone des grands défilements est définie par :

$$CE = D_p - D_o.$$

Remarque. — On peut se demander ce que signifient les racines de la condition (A) supposée transformée en égalité.

L'équation du second degré ainsi obtenue a ses deux racines négatives si la distance D_o est supérieure à D_p.

Ce résultat s'explique. Dans le cas, en effet, où $D_o > D_p$, la condition du passage est largement satisfaite pour toute valeur de EC et il n'existe pas de valeur positive de CE conduisant à un emplacement d'où le tir serait *juste* possible.

Si $D_o < D_p$, l'équation a deux racines : une négative, l'autre positive. Celle-ci correspond à la limite de la zone de grand défilement, l'autre à la zone de crête avec hauteur de batteries le maximum de sécurité; le ravitaillement, en particulier, s'y effectue facilement et sûrement. Par contre, son occupation entraîne le commandement à distance. On lui reproche aussi quelquefois d'interdire, sur de grands espaces, le terrain à l'infanterie amie, mais ce reproche est peu fondé.

Sans doute, quand l'artillerie occupe la zone de crête, le terrain n'est interdit à l'infanterie amie pendant le tir que sur une profondeur très restreinte devant le front des batteries, à moins, toutefois, qu'il ne s'agisse d'un plateau. Si la pente n'est, en effet, que de 2 p. 100 par exemple, cette profondeur n'atteint que 200 mètres pour un défilement de 4 mètres par rapport à un point à peu près au niveau de la crête et elle se réduit à 70 mètres si la pente est de 6 p. 100.

Dans ces conditions, si l'infanterie doit stationner aux environs de la crête, elle peut le faire sans inconvénient en arrière et près des pièces, sans gêner leur tir. Si elle doit se porter en avant, elle peut alors passer, soit dans les intervalles, soit rapidement et après entente avec leurs chefs,

---

genouillère nulle, hypothèse justifiée seulement pour la première de ces deux zones.

Pour $S_o = -20$, $p = 50$, $D_o = 2.000$, $D_p = 2.600$, on a

$$\overline{EC}^2 + 5\,EC - 2,6 = 0.$$

D'où

$$EC = 450 \text{ mètres environ.}$$

L'application de la règle relative à la zone des grands défilements combinée avec la règle du 1/4 et de l'O pour calculer les inclinaisons en fonction des distances et inversement, aurait donné $D_p = 2.800$.

$$EC = D_p - D_o = 800 \text{ mètres.}$$

Le projectile passerait très largement.

devant les batteries qui ne tirent pas ou dont la mission peut souffrir une interruption du feu de courte durée.

Au contraire, les batteries placées dans la zone des grands défilements interdisent pratiquement le terrain sur quelques centaines de mètres devant elles.

Mais il faut remarquer qu'il en est ainsi sur les terrains en pente douce et, d'une façon plus accentuée, sur les plateaux et dans les plaines où l'on met tout de même en batterie.

D'ailleurs, en terrain horizontal, les projectiles de 75, même avec la trajectoire très tendue de 2.000 mètres (angle de site : zéro), passent déjà à 16 mètres au-dessus du sol considéré à 400 mètres en avant des canons (1). Dans la zone des grands défilements où la distance de tir dépasse le plus souvent 2.000 mètres et où l'angle de site du but est presque toujours supérieur à zéro, cette hauteur ne peut qu'augmenter. La zone interdite ne dépasse donc jamais 4 à 5 hectomètres.

Toutefois, si le terrain est très couvert aux abords du front des pièces, il peut être bon de placer quelques plantons en vue de baliser le terrain dangereux pour les troupes amies, les agents de liaison, etc.

En résumé, pour déterminer, à simple vue, les emplacements approximatifs des batteries en

---

(1) L'angle de site du projectile vu de l'origine à la distance de 400 mètres sur la trajectoire 2.000 est égal à $\varphi_{2.000} - \varphi_{400}$ =47—6 ou 41 millièmes. Sa hauteur au-dessus du sol est donc égale à 16 mètres.

arrière des crêtes, on peut adopter la méthode suivante, basée sur l'application des deux règles énoncées plus haut :

Le chef d'escadron, en station au sommet du couvert, mesure ou évalue à l'œil la pente moyenne en arrière de ce couvert, soit p millièmes.

Il mesure ou apprécie l'angle de site S_o du but, ainsi que sa distance D_o à la crête.

Il calcule, par exemple, par la règle du 1/4 et de l'O [voir *Pratique du tir* (1)] la portée D_p correspondant à l'angle $p - S_o$ dans le plan de site du but. Si la distance D_o est supérieure à D_p, il peut placer les batteries en un point quelconque de la pente, elles n'écrêteront pas.

Si, au contraire, D_o est inférieure à D_p, il doit, soit s'en tenir à la zone de crête, soit reculer sur la pente de $D_p - D_o$ environ, et entrer ainsi dans la zone des grands défilements.

Dans le cas où il s'en tient à la zone de crête, il compare à D_o les espaces morts $2N$, $3N$ (2), etc., correspondant aux divers degrés de défilement et se décide en conséquence.

Lorsque, ayant choisi au contraire la zone des grands défilements, il est conduit à reculer de plusieurs centaines de mètres, il peut lui arriver d'aboutir soit à une partie plane, soit à une contre-pente.

Dans les deux cas, il a à déterminer l'emplacement d'où le tir est sûrement possible. Il est clair

---

(1) *Artillerie de campagne.* — *Pratique du tir*, par J. CHALLÉAT, chef d'escadron d'artillerie (Berger-Levrault, éditeurs, 5-7, rue des Beaux-Arts, Paris).

(2) N n'est autre chose que la quantité calculée $p - S_o$, évaluée en centièmes.

que si C A (*fig.* 14 et *fig.* 15) est supérieur à D_p—D_o, le tir est possible de A, et même de plus près

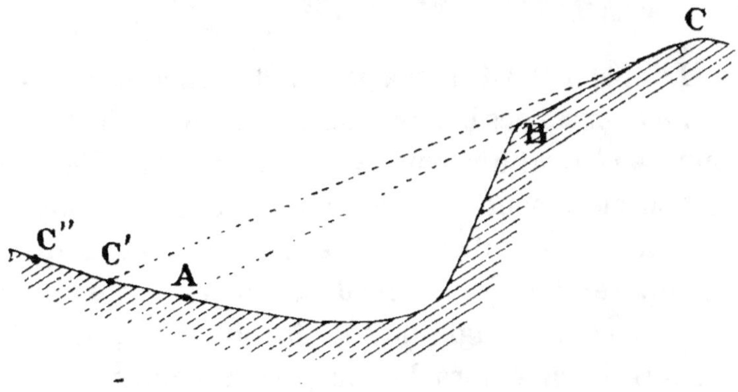

Fig. 14.

du pied du couvert. Mais il peut arriver et il arrive même assez souvent que C A est inférieur à D_p—D_o. Le chef d'escadron vise alors du point C un point tel que C′ et mesure la pente fictive

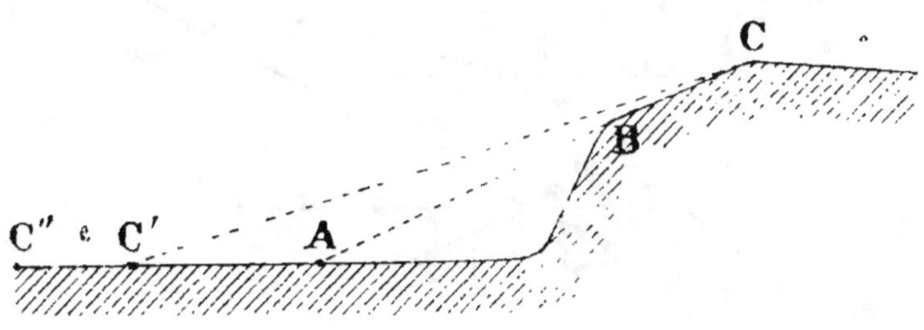

Fig. 15.

CC′. A cette pente correspond une valeur plus faible de p—S_o et, par suite, de D_p—D_o. Si CC′ est supérieur ou égal à cette nouvelle valeur de D_p—D_o, le tir est sûrement possible de C′, sinon il faut viser un point tel que C″.

2º *Echelonnement des batteries par rapport à un masque.*

Le chef d'escadron n'a pas à déterminer l'emplacement exact des batteries, mais seulement à obtenir *rapidement* une approximation suffisante pour cet emplacement. Il y arrive de la façon suivante :

Soient H la hauteur du masque, D_o la distance du masque au but, φ_{D_o} l'angle de tir correspondant en millièmes, S_o l'angle de site du but et p la pente du terrain en arrière du masque. On démontre (1)

---

(1) On a, successivement, sur la figure 16 :

$$\hat{S}=\hat{S}_o-\hat{B}=S_o-\frac{H}{D_o}$$

$$p'=p+\frac{H}{x}$$

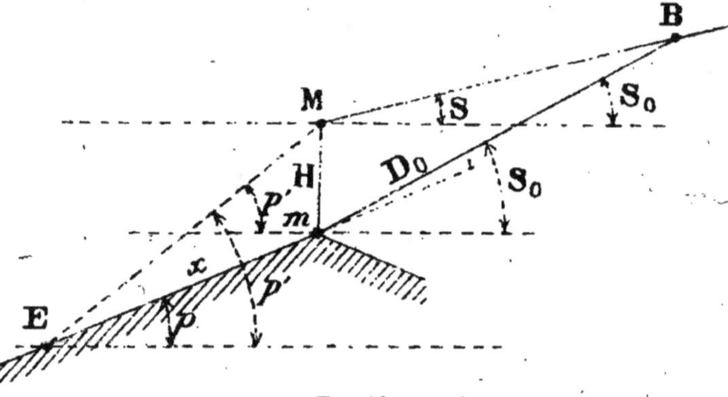

Fig. 16.

Si la distance D_p, définie par la relation

$$p'-S=p+\frac{H}{x}-S_o+\frac{H}{D_o}=4\,D_p{}^2+16\,D_p$$

est inférieure ou égale à D_o, le tir est possible partout sur la pente M E et en particulier au point E.

En déterminant x de façon que $D_p=D_o$, le tir sera donc sûrement possible de E. On a donc, pour calculer x, l'équation :

$$p+\frac{H}{x}-S_o+\frac{H}{D_o}=4\,D_o{}^2+16\,D_o=\varphi_{D_o}$$

que la distance cherchée x, exprimée en kilomètres, est donnée par la formule :

$$x = \frac{H}{\varphi_{D_o} + S_o - p}$$

Cette formule n'est compliquée qu'en apparence.

Si l'on y fait $p = o$, on retrouve, en effet, au dénominateur l'angle de site du projectile à l'aplomb du masque dans le cas où le terrain en arrière du masque est horizontal.

La formule exprime dès lors que l'angle de site du projectile $\varphi_{D_o} + S_o$ *est égal à l'angle de site* $\frac{H}{x}$ *du sommet du masque.*

Dans le cas où le terrain présente une pente p, il est naturel d'augmenter x en diminuant de p le dénominateur qui correspond au terrain horizontal.

De là une 3e règle pratique facile à retenir, car elle fait image.

---

en appelant φ_{D_o} l'angle de tir en millièmes pour la distance D_o,

ou
$$\left(p - S_o + \frac{H}{D_o} - \varphi_{D_o} \right) x + H = 0$$

D'où
$$x = \frac{H}{\varphi_{D_o} + S_o - p - \dfrac{H}{D_o}}$$

Pratiquement H dépasse rarement 20 mètres, D_o atteint au moins 2 kilomètres, $\frac{H}{D_o}$ est le plus souvent inférieur à 10 millièmes : on peut le négliger, étant donnée d'autre part la marge de sécurité offerte par la règle du 1/4 et de l'O.

On a ainsi la formule pratique :
$$x = \frac{H}{\varphi_{D_o} + S_o - p}$$

RÈGLE 3. — *On obtient la distance à laquelle il faut se mettre du masque en divisant la hauteur de ce dernier par l'angle de site du projectile, diminué, s'il y a lieu, de la pente du terrain en arrière du masque.*

L'angle de site du projectile se calcule facilement sur le terrain par la règle du 1/4 et de l'O.

Application nº 1 (Cas d'un masque en terrain horizontal).

Soient $H = 10^m$, $p = 0$, $S_o = +5$, $D_o = 2.000$.

Par la règle du 1/4 et de l'O, on a pour angle de site du projectile : $50 + 5 = 55$. On a donc x en divisant 10 par 55 ou 20 par 110. On a une distance un peu trop grande en divisant 20 par 100, ce qui donne $x = 0^{km},2$.

On peut donc sûrement tirer en se plaçant à 200 mètres en arrière du masque.

Vérification. — L'angle de site du projectile à l'aplomb du masque est égal à :

$$\varphi\, 2.200 - \varphi\, 200 + 5 = 53 - 2 + 5 = 56 \ (1).$$

L'angle de site du masque est $\dfrac{10}{0,2} = 50$.

Le projectile passe à 6 millièmes au-dessus du masque.

Application nº 2. (Cas d'un masque avec pente en arrière).

Soient $H = 20^m$ $D_o = 2.000$ $S_o = +10$ $p = 40$.

---

(1) Pour cette vérification et celles de même nature, on fait usage, non plus, comme sur le terrain, de la règle du 1/4 et de l'O, mais de la table de tir en millièmes (Annexe I).

Dans ce cas, on sait qu'à l'angle de site du projectile 60, il faut retrancher p avant de diviser H. On a donc :

$$x = \frac{20}{20} = 1$$

Vérification. — L'angle de site du projectile à l'aplomb du masque est très sensiblement égal à $\varphi_{3.000} - \varphi_{1.000} + S$, S étant l'angle de site du but vu à 3.000. Sa valeur se calcule par la formule

$$S = \frac{p \times x + S_{0} D_{0}}{D_{0} + x}$$

du renvoi de la page 88, qui donne

$$S = \frac{60}{3} = 20.$$

L'angle de site du projectile est par suite égal à $84 - 18 + 20 = 86$ millièmes.

L'angle de site du masque est $\frac{20}{1.000} + \frac{40 \times 1}{1.000} = 60$ millièmes : le projectile passe très largement.

Il en est généralement ainsi dans la pratique, la formule étant approchée dans le bon sens. Si le tir est d'ailleurs impossible, les capitaines en avertiront le commandant. Dans le cas ci-dessus, le tir est possible de 660 mètres, la vérification donnant alors pour angle de site du projectile 76 et pour angle de site du masque 70 millièmes environ.

Application n° 3. (Cas d'un couvert.)

Soient $p = 40$, D $= 2.500$, $S_{0} = -10$. On a $p - S_{0}$

$= 50$. La portée correspondante $D_p = \dfrac{4}{10} \times 50 =$ 20 hectomètres.

Elle est inférieure à la distance du but, qui est de 2.500; le tir est possible en tout point de la pente, sans écrêter.

Si $D_o = 1.600$ mètres au lieu de 2.500, on peut se placer soit au défilement des lueurs dans le voisinage de la crête (1), soit reculer de 400 mètres et entrer ainsi dans la zone des grands défilements.

Application n° 4 (cas d'un masque avec contre-pente en arrière).

Soient $p = 30$ $D^o = 20$ hectomètres $S_o = -10$ $H = 20$.

Il faut alors ajouter p à l'angle de site du projectile 40, ce qui donne 70.

On a $x = \dfrac{20}{70} = 0^{km}, 300$ mètres environ.

Vérification. — L'angle de site du projectile à l'aplomb du masque est très sensiblement égal à $\varphi_{2.300} - \varphi_{300} + S = 52 + S$.

Ici $S = \dfrac{-10 \times 2 - 30 \times 0,3}{2,3} = -12$. L'angle de site du projectile est donc de $+40$ millièmes.

L'angle de site du masque est

$$\frac{20 - 30 \times 0,3}{0,3} = +36.$$

Le projectile passe à 4 millièmes au-dessus du sommet du masque.

---

(1) Au défilement des lueurs correspond un espace mort de $4 \times 5 = 20$ hectomètres et le but est à 2.500.

7e EXERCICE [1].

RECONNAISSANCE DE LA POSITION AFFECTÉE AU GROUPE

Ire PARTIE.

Notions fondamentales. (*Suite.*)
Notions fondamentales relatives au choix des emplacements approximatifs des batteries.
(*Suite et fin.*)

L'exercice précédent a eu pour but d'étudier l'échelonnement éventuel en profondeur à adopter pour les batteries d'après leur mission et le terrain. Mais cet échelonnement n'est qu'un des éléments qui influent sur la détermination des emplacements de batteries. Il faut aussi tenir compte du front minimum et du front maximum d'une batterie, ainsi que du front affecté au groupe, s'il est limité, ce qui arrive le plus souvent.

Front maximum d'une batterie. — Il est clair que si les pièces d'une batterie sont placées à des intervalles exagérés, le commandement devient très difficile, sinon impossible, surtout par le vent

---

[1] *Règlement de manœuvre :* Titre VI, nos 44, 45, 48, 87.
Cet exercice intéresse tous les officiers du groupe mais plus particulièrement le commandant et les capitaines. Son but est de déterminer à simple vue les emplacements approximatifs des batteries d'après leur mission, la nature du terrain et le front à occuper. Il doit comprendre des séances en chambre et sur le terrain. Au moins une séance sur le terrain doit être consacrée à apprécier à vue les fronts de 200, 300, 400, 500 mètres. Au besoin, on les mesure au trot, le pas du cheval ayant été étalonné sur route soit en longueur, soit en temps.

et le fracas de la bataille. Le vent seul, s'il est un peu fort, constitue à ce point de vue une gêne dont on s'aperçoit, même avec des intervalles normaux de 14 mètres, dans les exercices de tir du temps de paix. Le Règlement a, en conséquence, fixé à 30 mètres le maximum des intervalles à laisser entre les pièces. Si l'on suppose, d'autre part, comme le fait l'*Aide-mémoire de l'officier d'état-major*, que les caissons-observatoires sont placés dans les intervalles des batteries, chacune de ces dernières présente un front maximum de 100 mètres (exactement 98 mètres, qui se décomposent en 3 intervalles de 30 mètres et 4 arrière-trains de 2 mètres de largeur).

Pour le groupe, il n'est pas prévu de front maximum, mais les intervalles entre les batteries doivent être au moins égaux à leur échelonnement en profondeur et, si les batteries sont sur la même ligne, les intervalles doivent être en principe au moins le double des intervalles prévus entre les pièces de chaque batterie.

Ces précautions sont indispensables pour permettre des changements ultérieurs d'objectifs sans danger pour les unités voisines.

Lorsque chacune des 3 batteries a ses pièces à 30 mètres d'intervalle, le groupe occupe un front variable avec l'espacement des batteries, mais d'au moins 420 mètres.

Front minimum d'une batterie. — Pour que la manœuvre des pièces puisse s'effectuer dans des conditions acceptables, le Règlement a également fixé, pour les intervalles, un minimum de 6 mètres. Chaque batterie occupe alors un front minimum de 30 mètres et le groupe un front d'au moins 120 mètres.

Front normal. — Toujours dans les mêmes conditions et à intervalles normaux de 14 mètres entre les pièces, le front de chaque batterie est de 50 mètres et celui du groupe d'au moins 220 mètres en nombre rond (1).

Ces nombres 120, 220, 420 sont à retenir par les commandants de groupe qui doivent en outre s'entraîner à apprécier assez exactement à l'œil la grandeur des fronts qui leur sont affectés.

Répartition possible des batteries en profondeur et en largeur d'après le front affecté au groupe.

Tout d'abord un front de 120 à 150 mètres ne permet aucun échelonnement en profondeur pour les batteries. La répartition du front consiste alors dans une simple division en trois parties égales.

Ce cas exceptionnel peut se présenter lorsque le groupe, obligé de s'intercaler dans une ligne de batteries déjà placée, ne dispose que d'un seul emplacement étroit.

Les fronts supérieurs à 150 mètres commencent à permettre de petits échelonnements en profondeur. Ainsi, en affectant à chacune des batteries le front minimum, on pourrait échelonner l'une d'elles de 50 mètres par rapport aux deux autres.

---

(1) L'*Aide-mémoire de l'officier d'état-major*, page 39, indique 200 mètres, mais il compte les intervalles d'axe en axe des arrière-trains de même espèce, alors que le Règlement (titre VI, n° 44) les compte de roues à roues. Le front exact serait ainsi de 210 mètres.

Dans les mêmes conditions, les trois batteries pourraient être échelonnées entre elles de 50 mètres en profondeur, sur un front de 190 mètres, mais cette disposition, pas plus que la précédente, ne serait à recommander.

Outre que les intervalles minimums rendent difficile le service des pièces, ils entraînent pour les batteries une vulnérabilité beaucoup trop grande.

De là résulte, qu'à moins de raisons impérieuses et indiscutables, tout front de moins de 220 mètres doit être réparti uniformément entre les batteries, avec des échelonnements en profondeur dépassant rarement quelques mètres.

Lorsque le front affecté au groupe dépasse 220 mètres, il y a lieu de tenir compte, pour sa répartition, de la vulnérabilité de la formation qui en résultera et de l'échelonnement en profondeur des batteries nécessité par l'accomplissement de leur mission avec le maximum de sécurité. Au point de vue de la vulnérabilité, on peut se demander s'il vaut mieux, dans le cas où le groupe dispose d'un grand front, répartir uniformément toutes les pièces à de très larges intervalles ou s'il vaut mieux conserver entre elles les intervalles normaux en espaçant davantage les batteries. Il convient de distinguer :

Si les batteries sont défilées de la poussière et de la fumée, ou même seulement des lueurs, on a évidemment avantage à bien séparer les batteries. L'ennemi, ignorant la répartition des pièces sur le front, sera obligé de battre ce dernier entièrement, et tous les coups qui tomberont entre les batteries seront complètement inefficaces.

Au contraire, si les batteries décèlent leur front, tout au moins par des lueurs, il est indispensable d'étaler les pièces le plus possible, jusqu'au maximum réglementaire de 30 mètres. De cette façon, en effet, les unités sont moins vulnérables et l'ennemi est obligé de répartir ses coups sur un front beaucoup plus grand que si, les pièces étant à intervalles normaux, les batteries se trouvaient très séparées les unes des autres (1).

Quant à la répartition du front d'après la grandeur de l'échelonnement en profondeur, elle se fait d'une façon simplement approximative. Si, par exemple, une batterie doit être au défilement de l'homme à cheval et les deux autres au défilement des lueurs, on place la première à un intervalle supérieur à celui qui est observé entre les deux autres batteries, quitte à vérifier ensuite que les intervalles sont suffisants. S'ils ne le sont pas, on les augmente dans la mesure possible, sinon on modifie l'échelonnement en profondeur.

On verra par des applications ultérieures que, grâce aux considérations qui précèdent, la répartition entre les batteries du front affecté au groupe ne présente, *dans la zone de crête*, aucune difficulté réelle.

Si le front à occuper se trouve derrière un masque ou dans la zone des grands défilements, sa répartition est encore plus simple, puisque les

---

(1) Cette solution pourra plus tard être généralisée pour tenir compte du développement de l'aviation d'artillerie et de l'emploi de projectiles à rayon d'action plus étendu dans le sens du front. Cette généralisation pourra être facilitée, d'une part, par l'emploi des mégaphones mis en essai en grand dans un groupe de chaque régiment, d'autre part, par l'utilisation de la zone des grands défilements.

trois batteries peuvent alors, en général, être sensiblement placées sans inconvénient sur la même ligne que la batterie la plus éloignée du masque ou de la crête.

Il reste à examiner l'éventualité de la mise en batterie du groupe, partie dans la zone de crête, partie dans la zone des grands défilements. Dans ce cas, il paraît difficile d'observer entre les batteries des intervalles égaux aux échelonnements. Les batteries en seconde ligne se placent comme elles peuvent, à condition toutefois de tirer largement par-dessus celles qui sont en première ligne ou en dehors de leur direction. Cette seconde solution constituerait, si elle était adoptée, une servitude dans le choix des emplacements de batterie et elle ne se prêterait pas aux changements éventuels d'objectif. La première solution est donc préférable. Elle est souvent possible, mais il est indispensable de s'en assurer dans chaque cas, avant de laisser tirer les pièces placées en seconde ligne.

En voici un exemple :

Supposons qu'un groupe veuille battre avec une batterie une lisière de bois, tout en contrebattant avec les deux autres une artillerie ennemie.

La position à occuper est une pente de 60 millièmes.

La lisière du bois, vue de la crête, est définie par $S_o = -10$, $D_o = 1.800$, et l'artillerie ennemie par $S_o = +10$, $D_o = 3.000$.

Les deux contre-batteries peuvent prendre dans la zone de crête un défilement aussi grand qu'elles veulent, par exemple celui des lueurs. Au contraire, la batterie qui a pour objectif le bois ne peut même pas se placer au défilement de l'homme à cheval, puisque à ce défilement correspond un espace mort de 2.100 mètres. Encore le pourrait-elle, que son arrivée sur la position serait vue de l'artillerie ennemie, placée bien plus haut que le bois. On peut se résoudre à cet inconvénient, mais on peut aussi préférer envoyer la batterie considérée à 1.000 mètres (1) en arrière dans la zone des grands défilements. Il faut alors vérifier que ses trajectoires peuvent passer largement au-dessus des deux contre-batteries.

A cet effet, il suffit de comparer l'angle de site du projectile à celui du sommet de la crête.

L'angle de site du projectile est égal à $\varphi_{2.800} - \varphi_{1.000} + S$, S étant l'angle de site du but s'il était vu de la pièce. On peut calculer S par la formule du renvoi de la page 88, mais pratiquement, il est plus simple d'employer la règle approchée, qui sera donnée plus loin et qui consiste à ajouter à S_0 l'angle de tir correspondant à la distance en hectomètres à laquelle la batterie se trouve en arrière de la crête. Cet angle peut se calculer, par exemple, par la règle du 1/4 et de l'O.

Ici :

$$S = -10 + 25 = +15, \quad \varphi_{2.800} = 70, \quad \varphi_{1.000} = 25.$$

L'angle de site du projectile est de 60 millièmes, celui du couvert 60.

Les projectiles raseraient juste la crête en avant, ce qui est insuffisant. En reculant un peu plus les pièces, en les plaçant, par exemple, à 1.200 mètres

---

(1) $p - S_0 = 70$, angle auquel correspond la distance 2.800, et $2.800 - 1.800 = 1.000$.

en arrière de la crête, on a pour angle de site du projectile :

$$\varphi_{3.000} \text{ ou } 75 - \varphi_{1.200}, \text{ ou } 30 + S \text{ ou } 20,$$

soit 65 millièmes, ce qui montre qu'alors le projectile passerait éventuellement à 6 mètres au-dessus des batteries. En réalité, il passerait notablement plus haut, car nos formules ont prévu une certaine marge dans le sens de la sécurité (1).

Cet exemple montre qu'avec des précautions le problème est soluble, mais il ne faut pas oublier les réserves faites précédemment sur l'occupation de la zone des grands défilements.

Positions dites en caponnières.

Lorsqu'il existe, dans la zone de crête, des masques latéraux contre les vues des points dangereux, il est évidemment indiqué de les mettre à profit pour éviter l'occupation de la zone des grands défilements par certaines batteries. Le groupe, en entier dans la zone de crête, est alors plus en main et le choix des emplacements aux environs d'un masque latéral ne donne lieu à aucune difficulté particulière.

Positions à contre-pente.

A l'étude de la zone des grands défilements se rattache celle des positions à contre-pente aux-

---

(1) Le calcul de l'angle de site de projectile, repris avec l'angle de site exact du but et avec les angles de tir donnés par les tables au lieu de ceux obtenus par la règle du 1/4 et de l'O, montre que le projectile passerait à 79 — 60 = 19 millièmes au-dessus de la crête, soit à plus de 20 mètres.

quelles on est souvent conduit faute d'une pente de profondeur suffisante pour reculer sur elle de la quantité nécessaire.

Les positions à contre-pente présentent, comme les autres, des avantages et des inconvénients.

Parmi les avantages on peut citer les suivants :

1° Si la contre-pente permet d'occuper, en arrière et à proximité des batteries, des observatoires offrant des vues étendues sur la zone des objectifs, le commandement et la surveillance de la troupe sont assurés dans d'excellentes conditions ainsi que la sécurité ;

2° Le tir par-dessus les troupes amies, et notamment, par-dessus la crête en avant, n'exige pas de précautions spéciales ; si, même, la contre-pente est un peu forte, la zone qui, devant les canons, est interdite à l'infanterie amie, aux agents de liaison, aux estafettes, etc., est souvent très restreinte ;

3° L'espace mort est nul ou très faible. Toutefois, si les observatoires sont en arrière des batteries, il est bon, si on le peut, d'envoyer sur la crête en avant un éclaireur d'objectif pour surveiller les parties du terrain qui échappent aux vues des observatoires ;

4° L'ennemi peut difficilement se rendre compte de la position occupée par rapport à la crête.

Par contre, on reproche aux contre-pentes :

1° De nécessiter parfois des travaux de terrassement pour établir les pièces de façon que leur bêche soit à peu près au niveau du bas de leurs roues ;

2° De rendre difficiles les mouvements à couvert vers l'arrière, au delà de la contre-crête.

Ce second reproche n'a évidemment pas de valeur, quand on compare à la zone de crête et à celle des grands défilements sur une pente, la zone de contre-pente située en arrière de cette pente.

Quant aux travaux de terrassement, ils peuvent souvent être évités en occupant certains points de la contre-pente, par exemple un chemin qui y circule, suivant à peu près une horizontale.

Par contre, lorsque le défilement des batteries doit être considéré par rapport à un point plus haut que le but, on peut éprouver des difficultés à accéder à couvert jusqu'à l'observatoire et à doubler par des signaleurs ou des transmetteurs la ligne téléphonique.

Quoi qu'il en soit, il faut remarquer que dans l'occupation des positions à contre-pente, il est le plus souvent indiqué de placer les avant-trains et les échelons en avant du front, dans les intervalles ou aux ailes.

L'emplacement L du défilement des lueurs se détermine, comme le montre la figure 17, en pre-

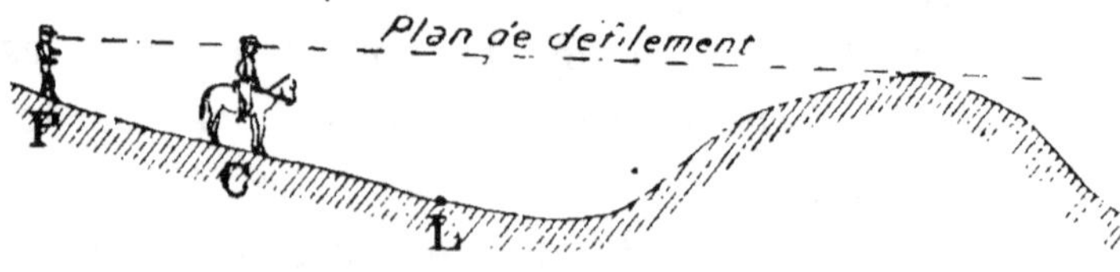

Fig. 17.

nant CL à peu près égal à PC, P et C correspondant respectivement aux défilements de l'homme à pied et de l'homme à cheval.

L'occupation éventuelle d'emplacements de batterie assez loin des couverts nécessite la connaissance des solutions des problèmes suivants :

A) Le but vu de la crête, étant défini par son angle de site S_o et sa distance D_o, en déduire la valeur de l'angle de site S du but, vu de l'emplacement de batterie défini par sa distance EC à la crête.

On démontre que

$$S = S_o + \varphi_{EC}$$

φ_{EC} étant l'angle de tir correspondant à la distance EC de l'emplacement E à la crête C (1).

La valeur de φ_{EC} peut se calculer par la règle du 1/4 et de l'O.

Certains auteurs ont proposé de calculer φ_{EC} en multipliant par 3 le nombre d'hectomètres de la

---

(1) On a vu (renvoi de la page 88) que :

$$S = \frac{p \times EC + S_o D_o}{D_o + EC} = S_o + (p - S_o) \frac{EC}{D_o + CE}$$

Or

$$p - S_o = 4 D_p{}^2 + 16 D_p,$$

et

$$EC = D_p - D_o.$$

Par suite :

$$S = S_o + \frac{4 D_p{}^2 + 16 D_p}{D_p} EC = S_o + (4 D_p + 16) EC$$

D'où en remplaçant D_p par $D_o + EC$:

$$S = S_o + (4 D_o + 4 EC + 16) EC,$$

ou

$$S = S_o + 4 \overline{EC}^2 + 16 EC + 4 D_o \times EC.$$

Or, $4 \overline{EC}^2 + 16 EC$ est l'angle de tir pour la distance EC. On peut en calculer la valeur approchée, par exemple par la règle du 1/4 et de l'O $\left(\text{soit } \frac{10}{4} EC, EC \text{ en hectomètres}\right)$.

Quant à $D_o \times EC$, on en néglige la valeur. Généralement, en effet, on n'est conduit aux grands défilements que pour tirer à faible distance, la trajectoire étant alors très tendue; d'autre part EC dépasse rarement 1 kilomètre. Or, pour EC $= 1$ et $D_o = 2$, $4 D_o \times EC = 8$ millièmes.

Donc, avec une erreur maximum de 10 millièmes *en moins*, on peut prendre pour S la valeur $S_o + \varphi_{EC}$, φ_{EC} étant l'angle de tir pour la distance EC.

distance EC. Il serait préférable d'adopter le facteur 2, de façon à avoir une valeur par défaut de l'angle de site, comme il convient pour vérifier la possibilité de tirer par-dessus la crête en avant.

Aux faibles distances, la règle du 1/4 et de l'O, qui consiste, comme on le sait, à multiplier par 2,5 le nombre d'hectomètres de la distance, donne elle-même, en effet, des résultats un peu trop forts.

Il faut enfin remarquer que, quel que soit le facteur adopté, la règle appliquée paraît être indépendante de la valeur de la pente. Mais il n'y a là qu'une apparence, car la règle a été établie en supposant $D_p - D_o = EC$, D_p étant la portée sous l'inclinaison $p - S_o$ du canon.

B) Etant donné que, d'un emplacement E (*fig. 18*), sur une pente CE, il est possible de tirer sur un but B défini par son angle de site S_o et sa dis-

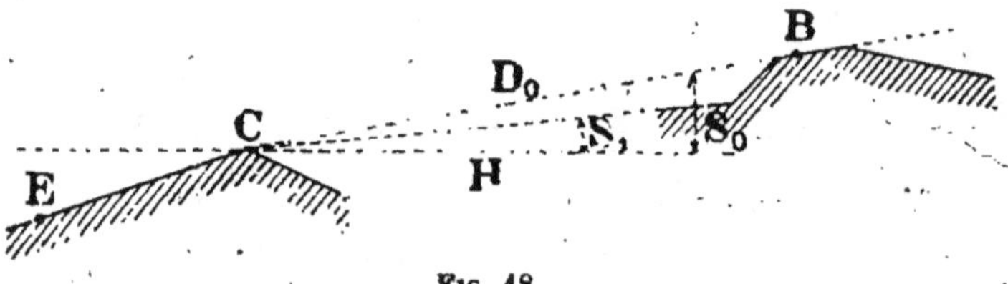

Fig. 18.

tance D_o, il s'agit de calculer la distance à laquelle on peut tirer, au delà de C, sur le plan défini par l'angle de site S_1. On démontre que cette distance D_1 est donnée par la formule (1) :

$$D_1 = D_o + \frac{4}{10}(S_o - S_1).$$

____

(1) Soit p la pente du terrain EC.

Soit D_p' la distance de tir qui correspond à $p - S_1$ et D_1 la distance à laquelle on peut tirer de E par-dessus C.

D'où l'énoncé :

L'espace mort D_1, compté sur une ligne d'inclinaison connue, est égal à l'espace mort D_0 compté sur une autre ligne, augmenté de la différence d'inclinaison des deux lignes, convertie en distance.

Exemple. — Le tir étant supposé possible sur un but défini par l'angle de site $+20$ et la distance 2.000, jusqu'où peut-on tirer dans un plan de site incliné de $+30$?

Il faut ajouter à $D_0 = 2.000$ la différence $(20-30)$ millièmes convertie en mètres. La distance cherchée est donc égale à $\left(20 - \dfrac{4}{10} \text{ de } 10\right)$ hectomètres, soit 1.600 mètres.

C) Étant donné, sur une pente, l'emplacement C du défilement de l'homme à cheval, trouver

---

On a, comme on l'a vu :

$$EC = D_{p}' - D_1$$

D'où :

$$D_1 = D_{p}' - EC = D_{p}' - (D_p - D_o),$$

D_p étant la distance de tir qui correspond à $p - S_o$.

Or, avec les notations déjà définies, on a :

$$\varphi_{D_p} = p - S_o,$$

$$\varphi_{D_{p'}} = p - S_1.$$

D'où :

$$\varphi_{D_p} - \varphi_{D_{p'}} = S_1 - S_o.$$

Or,

$$\varphi_{D_p} = \frac{10}{4} D_p, \quad \varphi_{D_{p'}} = \frac{10}{4} D_{p'}.$$

D'où :

$$D_{p'} - D_p = \frac{4}{10}\left(\varphi_{D_{p'}} - \varphi_{D_p}\right) = \frac{4}{10}(S_o - S_1).$$

Par suite :

$$D_1 = D_o + \frac{4}{10}(S_o - S_1).$$

l'emplacement approximatif L du défilement des lueurs.

Si la *pente* est *uniforme*, la figure 19 montre qu'il faut prendre CL un peu inférieur à CS.

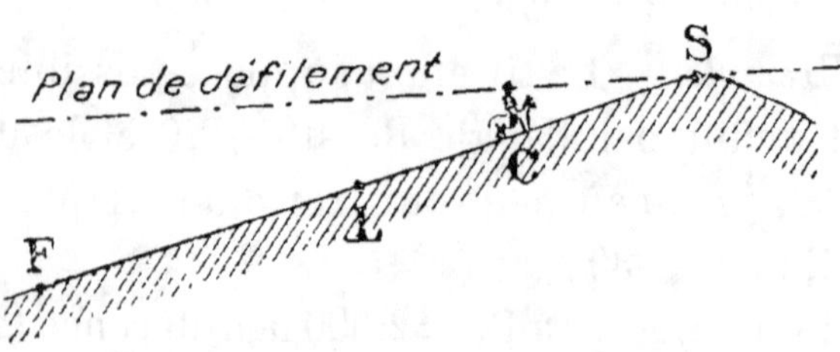

Fig. 19.

Au défilement de la poussière et de la fumée correspond l'emplacement F tel FL=LS.

Si la *pente* n'est pas uniforme mais est *composée* des diverses pentes CA, AB (*fig.* 20), la solution est beaucoup plus compliquée, souvent trop, dans la pratique, où l'on procède plutôt par moyenne des pentes.

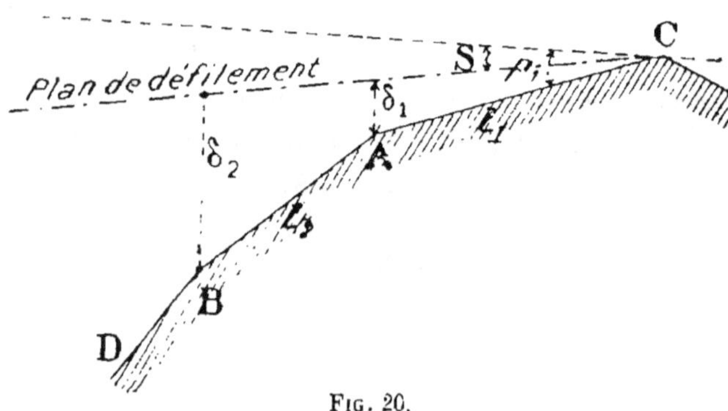

Fig. 20.

En appelant p_1, p_2, etc., les pentes, l_1, l_2, etc., les longueurs CA, AB, etc., et S l'inclinaison du plan de défilement, on a :

$$\delta_1 = l_1 (p_1 - S)$$
$$\delta_2 = l_1 (p_1 - S) + l_2 (p_2 - S)$$

On sait, de cette façon, de combien varie le défilement lorsqu'on parcourt une des pentes, et l'on peut, en conséquence, trouver l'emplacement du défilement voulu.

Exemple. — Soit $S = +10$ $p_1 = 30$ $p_2 = 60$ $l_1 = 50$ $l_2 = 100$ mètres.

On veut trouver le défilement des lueurs.

On a :

$$\delta_1 = 0^{km},05 \times 20 = 1^m.$$
$$\delta_2 = 0^{km},1 \times 50 + 1 = 6^m.$$

Sur 100 mètres, de AB le défilement augmentant de 5 mètres, en reculant de 3×20 mètres, il aura augmenté de 3 mètres et sera, par suite, de 4 mètres.

APPLICATIONS D'ENSEMBLE.

Application n° 1.

Le front affecté au groupe est de 500 mètres; une batterie doit être placée au défilement de l'homme à cheval (à environ 100 mètres en arrière de la crête) et les deux autres au défilement des lueurs (à 200 mètres environ de la crête).

Le front étant très supérieur au front normal de 220 mètres, on peut étaler les pièces et les batteries. Conformément à ce qui a été dit, on étale au maximum la batterie défilée de l'homme à cheval, c'est-à-dire, on lui donne 100 mètres de front. Comme elle est en avant de 100 mètres par rapport aux deux autres, on laisse à sa gauche un intervalle de 100 mètres au moins, par exemple 200 mètres.

Les deux autres batteries étant placées sur un

front normal de 50 mètres, on pourrait laisser entre elles un intervalle de 100 mètres, mais le commandement serait moins facile qu'avec l'intervalle normal de 30 mètres que l'on peut adopter sans inconvénient sur un front invisible (1). On prescrit en conséquence 270 mètres entre la première et la seconde batterie, et 30 mètres entre la seconde et la troisième.

Application n° 2.

Mêmes données que ci-dessus, mais en supposant que les trois batteries peuvent être au défilement des lueurs.

Les batteries étant invisibles, on les place à intervalles normaux entre les pièces; elles occupent chacune un front de 50 mètres, total 150 mètres. Il reste 350 mètres à répartir entre les deux intervalles, à moins qu'on ne préfère conserver tout le groupe aux intervalles normaux afin de faciliter la direction des feux.

Les batteries étant invisibles, la séparation plus ou moins grande des batteries a peu d'importance (1) si l'ennemi est obligé de battre tout le front possible.

Application n° 3.

Le front affecté au groupe est de 400 mètres.

Seule, une des trois batteries peut être au défilement des lueurs. Les deux premières batteries étant étalées sur un front de 100 mètres et la troi-

____

(1) Au moins à l'époque actuelle. Voir, à ce sujet, le renvoi de la page 103.

sième sur un front de 50 mètres, il reste 150 mètres pour les deux intervalles.

En admettant 60 mètres entre les deux batteries les moins défilées, il reste 90 mètres pour l'autre intervalle.

On vérifie qu'il est au moins égal à l'échelonnement en profondeur. S'il ne l'était pas, on réduirait au besoin les intervalles des deux autres batteries.

Application n° 4.

Deux batteries doivent s'établir sur une pente de 50 millièmes, pour contrebattre une artillerie ennemie à l'angle de site + 10, distance 2.400. La troisième batterie doit battre une lisière de village à la distance 1.600, angle de site — 20.

Dans la zone de crête, cette batterie pourrait à peu près se défiler de l'homme à pied par rapport au but, mais son matériel serait vu de l'artillerie ennemie; en conséquence, on préfère l'envoyer à 1.200 mètres en arrière, dans la zone des grands défilements.

Le capitaine de cette batterie vérifie que son tir est largement possible par-dessus les batteries placées dans la zone de crête.

L'angle de site du but est — 20 + 30 = + 10.

L'angle de site du projectile est 70 — 30 + 10 = 50 : le projectile passe juste.

Il se place de 150 à 200 mètres plus en arrière et fixe en conséquence la hausse minimum.

———

8ᵉ EXERCICE [1].

RECONNAISSANCE DE LA POSITION AFFECTÉE AU GROUPE

Iʳᵉ PARTIE.

Notions fondamentales (*suite*).
Notions fondamentales relatives à l'utilisation des échelles-observatoires.

ÉCHELLE DE CAISSON MODÈLE 1911.

Règles de son emploi.

L'échelle de caisson modèle 1911, mise en place sur le caisson-observatoire, permet d'élever à volonté et jusqu'à 4ᵐ,20 au-dessus du sol, l'œil d'un commandant de batterie de taille moyenne. Elle a été adoptée en vue de rendre possible le commandement à la voix de batteries placées, même au défilement des lueurs, dans la zone de crête ou derrière des masques de faible hauteur.

Les conditions de son emploi sont à examiner dans les cas où l'emplacement de batterie est situé

---

(1) *Règlement de manœuvre :*
Titre IV, Annexe 3.
Titre VI, n° 60.
Cet exercice intéresse le chef d'escadron, les lieutenants appelés à lui être adjoints, les capitaines et les brigadiers qui peuvent devenir le chef du caisson-observatoire. Il comporte des séances au quartier et à l'extérieur.
Les séances au quartier comprennent des applications analogues à celles des pages 127 et suivantes, le chef d'escadron pouvant, au moyen de calculs faits à l'avance, indiquer au personnel ce qu'il verrait en réalité sur le terrain.
Pour quelques séances à l'extérieur, on attelle les caissons-observatoires et on fait venir les servants nécessaires.

en arrière d'un couvert ou en arrière d'un masque
et suivant que le défilement doit être pris par rapport au but ou par rapport à un autre point plus
dangereux. Le but de cet examen est de rechercher des règles simples destinées à éviter des
hésitations encore trop fréquentes dans le choix
de l'emplacement et dans l'installation du caisson-observatoire.

*1° L'emplacement de batterie est situé en arrière
d'une crête et le défilement doit être pris par rapport
au but lui-même.*

Ce cas se présente pour des batteries destinées
à battre une artillerie ennemie en position sur
les parties les plus élevées du terrain de l'adver-
saire. Si l'on se contente, pour ces batteries, du
défilement des lueurs, c'est-à-dire du défilement
de 4 mètres, l'échelle placée sur l'alignement des
pièces permet de voir un peu du terrain situé au-
dessous du plan de site du but et tout celui qui
est au-dessus. Cette vue est donc très suffisante
si l'objectif est fixe comme une artillerie en position par exemple, car le réglage du tir en portée
se fait normalement par l'observation de coups
fusants à 1 millième au plus au-dessus du plan
de site du but, plan qui coïncide ici avec le plan
de défilement. La seule précaution à prendre
pourrait être d'ouvrir le feu avec un correcteur un
peu haut, de façon à avoir les premiers coups
sûrement visibles et à en déduire aussitôt le
correcteur convenable.

Si, au contraire, l'objectif est appelé à se déplacer, c'est-à-dire s'il est constitué par de l'infanterie ou de la cavalerie, ce n'est pas de lui que les

batteries ont à se défiler, mais des positions occupées ou susceptibles de l'être par l'artillerie ennemie ou ses observateurs. Ce cas rentre donc dans celui qui est étudié plus loin et où le défilement doit être pris par rapport à un point autre que le but.

Mais, dans le cas d'un objectif fixe, on pourrait encore vouloir placer les pièces au défilement de la poussière et de la fumée, c'est-à-dire au défilement de 8 mètres.

En admettant qu'avec ce défilement le tir soit encore possible sans écrêter, on serait alors conduit à placer le caisson-observatoire, qui ne doit pas être défilé de plus de 4 mètres, à une distance des pièces telle que son utilisation perdrait tout son intérêt. Ainsi, sur une pente déjà forte de 6 p. 100, cette distance atteindrait 70 mètres, et elle dépasserait 130 mètres sur une pente de 3 p. 100 : le commandement à la voix et la surveillance immédiate du personnel seraient, en général, impossibles à assurer.

D'autre part, un défilement compris entre 4 et 8 mètres serait peu justifié; il ferait perdre une partie des avantages du caisson-observatoire sans procurer une plus grande invisibilité, et ce n'est pas en reculant les pièces à quelques dizaines de mètres de l'échelle que l'on accroîtrait sensiblement le terrain que l'ennemi aurait à arroser.

Si, donc, le défilement doit être pris par rapport au but lui-même, la place du caisson-observatoire est à hauteur des canons et il en est naturellement de même si la condition du non-écrêtement contraint à adopter un défilement inférieur.

Il faut seulement, dans ce dernier cas, avoir soin de n'élever que progressivement le bouclier le long de l'échelle, de façon que l'œil de l'observateur ne dépasse que de la quantité indispensable le plan de site du but, confondu ici avec le plan de défilement.

Si, d'ailleurs, le caisson-observatoire est inutilisable (défilement de la poussière ou de la fumée), il n'y a aucune raison pour ne pas le laisser aussi à sa place de bataille.

D'où la règle :

Si le défilement doit être pris par rapport au but lui-même, le caisson-observatoire est toujours bien placé sensiblement sur le front des pièces, car s'il n'est pas utilisable sur cet emplacement, il faut recourir à un autre genre d'observatoire dont il sera question plus loin. Dans tous les cas, pour éviter toute hésitation, le brigadier porteur du poste téléphonique n° 1 peut être chargé de marquer l'emplacement du caisson-observatoire s'il doit être utilisé.

Pour trouver l'emplacement au défilement des lueurs on applique la règle donnée à la page 112.

2° L'emplacement de la batterie est situé en arrière d'une crête, mais le défilement doit être pris par rapport à un point dangereux autre que le but.

Ce cas se présente pour les batteries appelées à battre des objectifs fixes ou mobiles autres que l'artillerie ennemie, dont elles ont cependant à redouter les coups. Elles ont alors à se défiler, non de leur objectif, qui n'est généralement pas dangereux pour elles, mais de l'artillerie ennemie ou de ses observatoires. En d'autres termes, ces batteries ont souvent à se défiler de points situés à un niveau plus élevé que leur objectif.

Dans ces conditions, au défilement de 4 mètres et même de 2^m,50 par rapport au point dangereux, peut parfaitement correspondre un défilement supérieur à 4 mètres par rapport au but. Il en résulte que les défilements compris entre 4 et 8 mètres, qui n'étaient pas justifiés dans le cas précédemment envisagé, sont ici parfaitement admissibles, et ils peuvent même s'imposer. Il peut arriver, par exemple, que, pour dissimuler la mise en batterie aux vues du point dangereux (défilement de l'homme à cheval par rapport à ce point), on soit contraint d'occuper un emplacement défilé de 5 mètres ou davantage par rapport au but. Dans un tel cas, le caisson-observatoire ne peut être utilisé qu'en avant de la batterie (1), puisqu'il ne permet de voir le but qu'au défilement de 4 mètres. Mais, comme on va le voir, cette solution n'est pas toujours admissible.

Soient, en effet, SH (*fig.* 21) l'horizontale du sommet du couvert, AS le plan de défilement, ES le

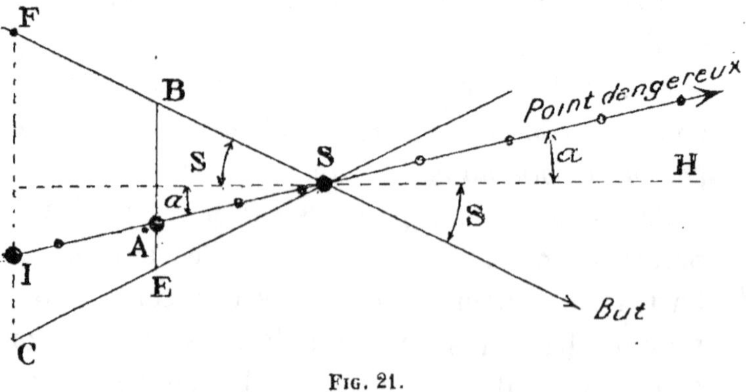

Fig. 21.

---

(1) Ou en arrière, dans le cas d'une contre-pente.

terrain en arrière de la crête, E l'emplacement du caisson-observatoire, C l'emplacement des canons au défilement CI par rapport à l'observatoire et au défilement CF par rapport au but.

CF étant supérieur à 4 mètres, le caisson est placé en E au défilement EB, au plus égal à 4 mètres. Dans cette situation, toute la partie AB de l'échelle avec bouclier est visible du point dangereux. Or, la grandeur de AB diminue à mesure que E se rapproche de S. Dès lors, ou bien le caisson-observatoire est poussé très en avant de C, et il perd sa raison d'être, tout en restant encore visible, ou bien il est maintenu aussi près de C que possible et la partie AB a une valeur notable pouvant à peu près atteindre, dans la pratique, la hauteur d'un homme à cheval (1). Il semble impossible de consentir à offrir à l'artillerie ennemie un repère aussi favorable au réglage de

---

(1) On a successivement, en considérant les triangles AES, ESB :

$$AE = ES\,(p - a),$$
$$\frac{EB}{p + S} = \frac{ES}{\cos S}.$$

D'où :

$$AE = EB\frac{p - a}{p + S}\cos S.$$

Sur une figure où S serait positif, on aurait trouvé de même :

$$AE = EB\frac{p - a}{p - S}\cos S.$$

Les deux formules coïncident avec les conventions habituelles pour les signes des angles de site. D'autre part, $\cos S$ est pratiquement très voisin de l'unité et l'on peut écrire :

$$AE = EB\frac{p - a}{p - S}.$$

On en déduit :

$$AB = EB\frac{a - S}{p - S}.$$

son tir. On ne doit le faire, à notre avis, que si le caisson-observatoire peut être dissimulé aux vues du point dangereux par de petits masques latéraux. Encore faut-il que sa distance à la batterie reste assez faible pour permettre le commandement à la voix et pour ne pas gêner l'exécution du tir.

A ce dernier point de vue, le caisson-observatoire ne doit jamais être placé en avant des pièces à une distance supérieure à son intervalle par rapport à la batterie et, s'il y a lieu, par rapport à la batterie voisine.

D'ailleurs, pour faciliter la dissimulation de la partie éventuellement visible de l'échelle, il peut être avantageux de couvrir cette partie de menus branchages susceptibles de se confondre avec les buissons et les arbrisseaux existants. Cette précaution est même à recommander d'une façon générale contre les investigations des éclaireurs d'objectifs lancés par l'ennemi, en avant et sur les flancs.

Ces considérations conduisent à la règle suivante :

Si le défilement doit être pris par rapport à un

Pour $p=40$, $a=30$, $S=+20$, on a :

$$AB=EB\frac{10}{20}=\frac{1}{2}EB.$$

Si $EB=4$ mètres, $AB=2$ mètres.

Si $EB=2^m,50$, $AE=1^m,25$ et $AB=1^m,25$; l'inconvénient est moindre, mais alors, ou bien la batterie est auprès du du caisson-observatoire et son défilement est sensiblement celui du matériel, ou bien elle est en arrière, au défilement des lueurs, et elle se trouve sur une pente moyenne de 4 p. 100, à une quarantaine de mètres du caisson-observatoire qui est encore visible sur $1^m,25$ au-dessus du plan de défilement.

point autre que le but. Le choix des emplacements de batterie est fait en conséquence. On examine ensuite si, au défilement de 4 mètres par rapport au but, le caisson-observatoire se trouverait, d'une part, assez près de sa batterie, et si, d'autre part, il pourrait être masqué aux vues du point dangereux par des masques naturels.

Si ces deux conditions peuvent être simultanément remplies, le capitaine place en conséquence le brigadier porteur du poste téléphonique n° 1. Dans le cas contraire, il renonce à occuper l'échelle de caisson. Ce caisson prend sa place sur la ligne des pièces; il est remplacé par un autre genre d'observatoire dont il sera question plus loin (1).

3° L'emplacement de batterie est situé en arrière d'un masque.

Les figures 22 à 30 montrent que les règles admises pour l'utilisation du caisson-observatoire dans le cas d'un couvert s'appliquent aussi dans le cas d'un masque.

Dans le cas de la figure 22 (masque supérieur à 4 mètres avec contre-pente en arrière), pour tout défilement inférieur ou égal à 4 mètres, le caisson-observatoire est utilisable à hauteur des pièces.

---

(1) L'échelle n'est d'ailleurs montée sur le caisson qu'à l'indication du capitaine.

Les servants et, surtout, ceux du caisson-observatoire, doivent être entraînés par des exercices courts mais fréquents à exécuter très rapidement, les opérations prescrites par les indications : « montez l'échelle »; « démontez l'échelle »; « portez l'échelle à tel endroit »; « portez le bouclier à tel endroit », etc. Au départ du cantonnement et à proximité de l'ennemi, le chef du caisson-observatoire prend ses mesures pour disposer des branchages éventuellement nécessaires.

Un défilement compris entre 4 et 8 mètres ne serait pas justifié.

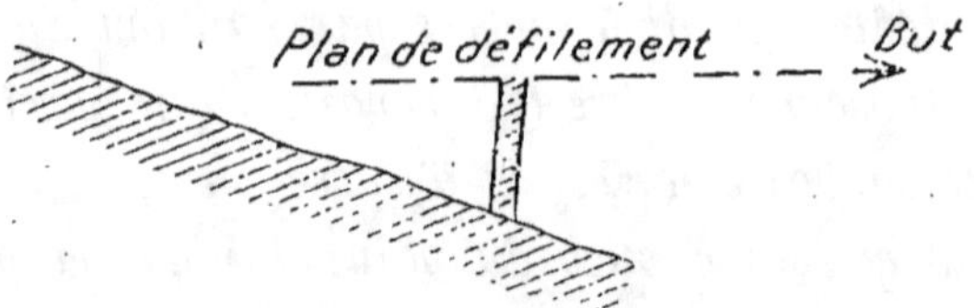

Fig. 22.

Dans le cas de la figure 23 (masque de hauteur h inférieure à 4 mètres, et plan de défilement parallèle au sol), le défilement est constamment égal à h.

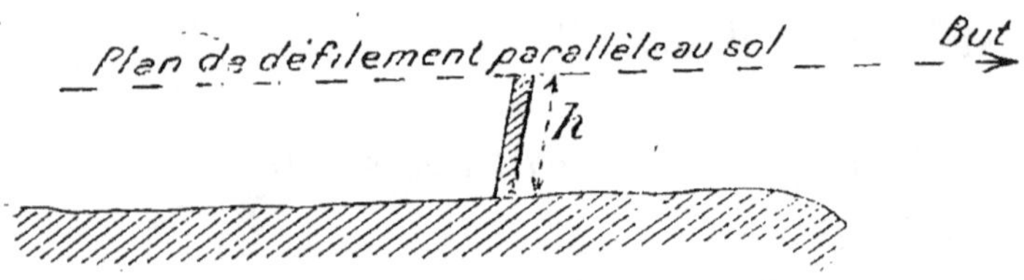

Fig. 23.

Le caisson-observatoire est utilisable partout à hauteur des pièces.

Dans le cas des figures 24 et 25 (masque de hauteur $h < 4$ mètres), pour tout défilement inférieur ou égal à 4 mètres le caisson-observatoire est utilisable à hauteur des pièces. Un défilement compris entre 4 et 8 mètres ne serait pas justifié.

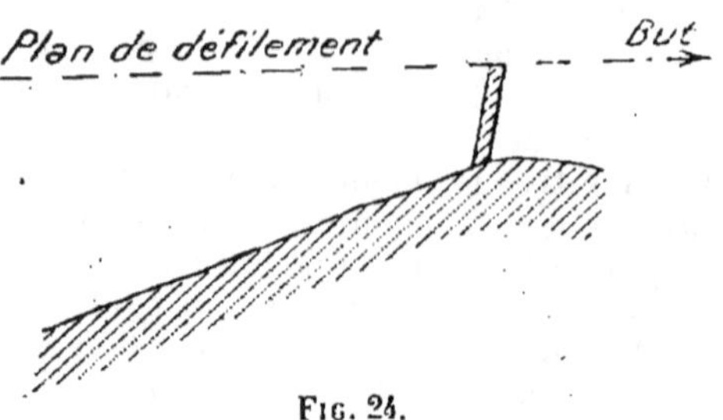

Fig. 24.

Fig. 25.

Dans le cas de la figure 26 (masque de hauteur
h inférieure à 4 mètres), le défilement est toujours

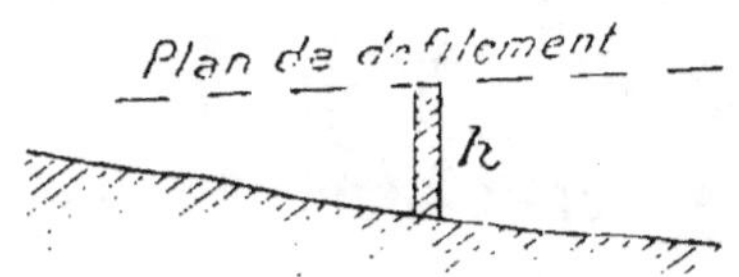

Fig. 26.

inférieur à h; le caisson-observatoire peut être
toujours utilisé à hauteur des pièces.

Si (*fig.* 27) le défilement CY des canons par
rapport au but est supérieur ou égal à 4 mètres,
le caisson-observatoire est utilisable en E tel que
EB=4 mètres, et l'échelle avec bouclier est visi-

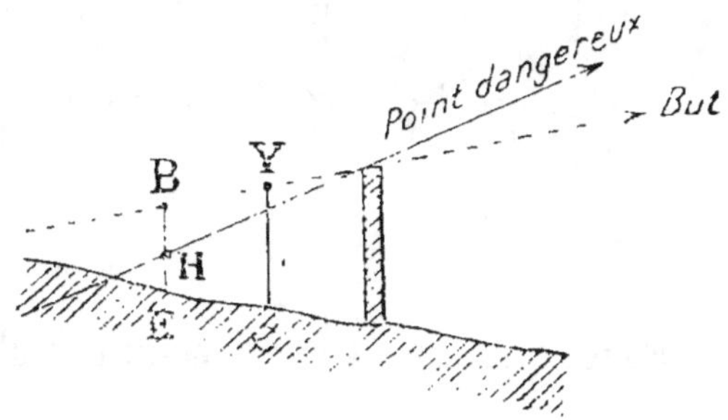

Fig. 27.

ble sur la hauteur BH. On en conclut, comme
dans le cas du couvert, que le caisson-observatoire

ne doit être alors utilisé que si on peut le dissimuler aux vues du point dangereux par de petits masques naturels et si la distance EC n'est pas exagérée pour pouvoir commander à la voix.

Dans le cas de la figure 28, CY étant toujours égal à $h < 4$ mètres, le caisson-observatoire est

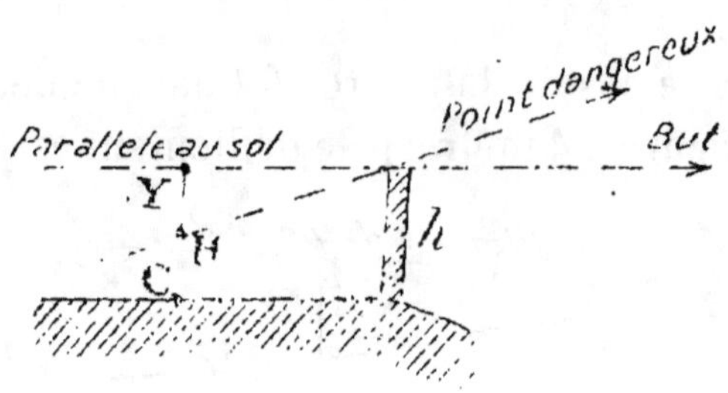

Fig. 28.

toujours utilisable sur la ligne des pièces, mais l'échelle est visible sur la hauteur YH (1).

Dans le cas de la figure 29, CY peut être supérieur à 4 mètres. Alors le caisson-observatoire,

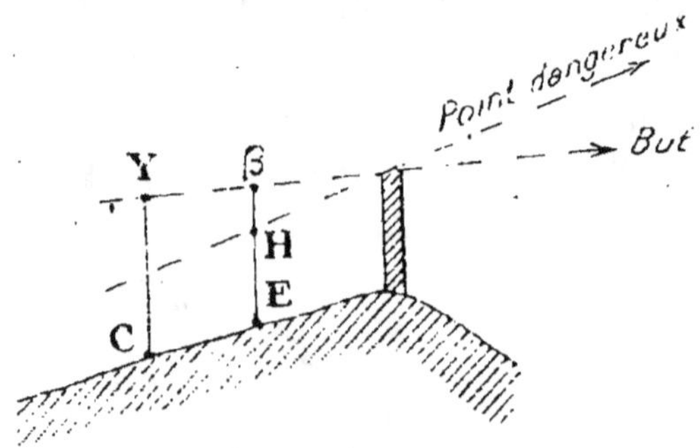

Fig. 29.

placé en Eβ tel que Eβ = 4^{m}, est visible sur la hauteur Hβ.

Dans le cas de la figure 30, le défilement est tou-

---

(1) Dans ce cas on utiliserait l'échelle seule dressée contre le masque.

jours inférieur à 4 mètres et le caisson-observatoire peut toujours être utilisé sur la ligne des pièces mais avec une partie visible (1).

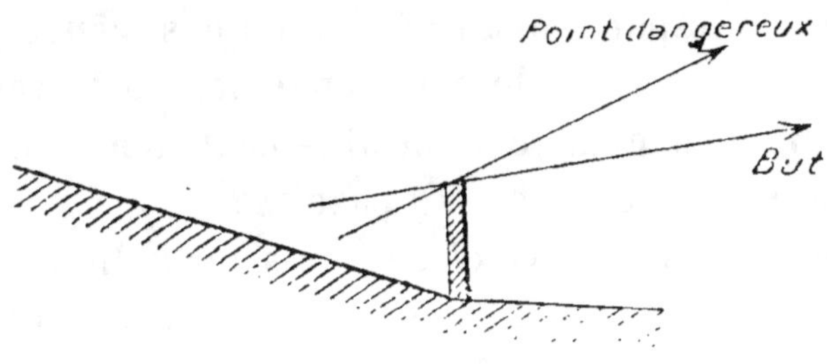

Fig. 30.

Ces figures pourraient être multipliées, mais il paraît inutile de le faire, les figures précédentes suffisant largement à montrer que *les règles admises plus haut pour l'utilisation du caisson-observatoire en arrière d'un couvert sont applicables sans aucun changement dans le cas d'un masque.*

Les applications ci-après achèveront de fixer les idées sur le choix de l'emplacement et l'utilisation du caisson-observatoire.

Application n° 1.

Position à occuper : sur une pente de 40 millièmes en arrière d'une crête.

But : artillerie ennemie. Angle de site $+10$, distance 2.800 mètres.

Point dangereux : cette artillerie.

Le chef d'escadron calcule $p - S_0$, qui est égal à 30 millièmes, angle très inférieur à l'angle de tir correspondant à 2.800. Les batteries peuvent être

---

(1) Dans ce cas on utiliserait l'échelle seule dressée contre le masque.

placées n'importe où sur la pente, pour tirer sans écrêter.

Le chef d'escadron décide d'occuper l'emplac e-ment correspondant au défilement des lueurs, de façon à permettre le commandement à la voix. Cet emplacement se détermine facilement sur le terrain comme il a été dit page 112.

Le caisson-observatoire est mis sur la ligne des pièces à l'emplacement marqué par le brigadier porteur du poste téléphonique n° 1 et, en principe, à droite de la batterie si le vent vient de droite, à gauche si le vent vient de gauche. Le capitaine fait alors monter l'échelle sur le caisson.

Application n° 2.

Position à occuper : comme ci-dessus.

But : comme ci-dessus.

Point dangereux : comme ci-dessus.

Au défilement de la poussière et de la fumée, l'espace mort est de 5 N, N étant égal à $p - S_o$ en centièmes. Ici 5 N $= 1.500$. L'artillerie ennemie est supposée très supérieure; le chef d'escadron adopte le défilement de 8 mètres. Les capitaines renoncent à occuper le caisson-observatoire; ils lui laissent prendre sa place de bataille et ne pres-crivent pas de monter l'échelle sur le caisson.

Application n° 3.

Même position à occuper.

But : un mur de parc garni de défenseurs. Angle de site — 20, distance 2.500, $p - S_o = 60$: on ne peut pas se mettre n'importe où.

Point dangereux : artillerie ennemie. Angle de site $+10$; distance 2.800.

L'espace mort correspondant au défilement de l'homme à cheval, considéré par rapport au but, serait de 1.800 mètres, et il serait de 2.400 avec le défilement des lueurs. L'emplacement choisi est donc le défilement de l'homme à cheval *largement estimé*. On reconnaît que, par rapport au point dangereux, cet emplacement n'est défilé que de 1 mètre et demi (1). Il serait nuisible de monter l'échelle de caisson, à moins, toutefois, que des arbustes, des buissons, ou autres masques latéraux ne permettent de dissimuler le caisson-observatoire.

Application n° 4.

Position à occuper : la même que dans les applications précédentes.

La batterie considérée est supposée au centre du groupe, dans la situation relative indiquée par la figure 31.

But : Une lisière de bois, angle de site — 5, distance 2.400 mètres.

Point dangereux : Observatoire d'une artillerie ennemie, angle de site zéro, distance 2.800 mètres.

Le tir est possible sans écrêter au défilement de la poussière et de la fumée, ce défilement

---

(1) Ce défilement est mesuré sur le terrain. Pour un exercice intérieur on peut le calculer d'avance par la formule

$$AE = EB\frac{p-a}{p-S}. \qquad \text{(Figure 21.)}$$

Ici

$$AE = 3\frac{40-10}{40+20} = 3 \times \frac{1}{2} = 1,50.$$

étant considéré par rapport au but (1) ; mais, pour être plus sûr de ne pas écrêter, on adopte le défi-

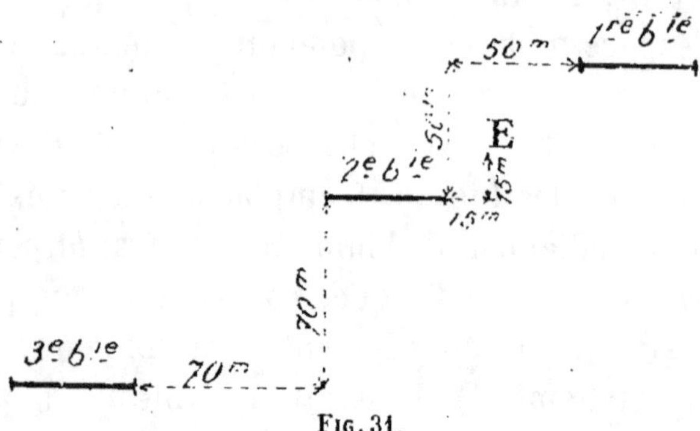

Fig. 31.

lement beaucoup moindre de 4^m, 50 au lieu de 8 mètres, ce défilement, par rapport au point dangereux, étant très suffisant puisqu'il se trouve être égal à celui des lueurs (2).

La batterie ainsi défilée de 4^m,50 par rapport au but, se trouve à une quinzaine de mètres en arrière de l'emplacement où le défilement eût été de 4 mètres au lieu de 4^m,50 : c'est là où doit être installé le caisson-observatoire. Il peut l'être, car on remarque sur la crête des arbrisseaux parmi lesquels la partie supérieure de l'échelle pourra facilement se dissimuler, surtout en la garnissant de branchages. Le capitaine place en conséquence en E le brigadier téléphoniste du poste nº 1.

Ainsi placée, l'échelle permet encore le commandement à la voix, et elle ne gênera pas le tir

---

(1) On a, en effet, un espace mort de 5 $N = 5$ $(4 + 0, 5) =$ 2.250^m.

(2) Le défilement EA défini par $EB = 4^m$, 50 (*fig.* 21) est égal à $4,5 \times \dfrac{40 - 0}{40 + 5} = 4,5 \times 0, 88 = 3^m, 96$.

car son emplacement est tel que son intervalle est égal à son échelonnement, aussi bien par rapport à la batterie qu'à sa voisine.

Si le caisson-observatoire était placé à gauche de la deuxième batterie, la troisième batterie pourrait être très légèrement gênée par le caisson dans les changements d'objectif.

Application nº 5.

Position à occuper : Sur une contre-pente de 30 millièmes, derrière un masque de 6 mètres de haut.

But : Artillerie ennemie. Angle de site — 10, distance 2.800 mètres.

Point dangereux : cette artillerie.

Le chef d'escadron détermine d'abord la distance des emplacements au masque pour tirer sans écrêter. L'angle de site du projectile, en terrain horizontal, serait de $70 + 10 = 80$ millièmes, et, en raison de la contre-pente, il doit être augmenté, pour le calcul de la distance au masque, de la valeur de cette contre-pente.

L'angle de site du projectile est ainsi de 110 millièmes.

La distance au masque peut être prise égale à 60 mètres.

Pour connaître le défilement correspondant, on peut raisonner comme il suit :

Au pied du masque, le défilement est de 6 mètres.

A 100 mètres en arrière, sur la contre-pente, le défilement a diminué de 4 mètres par l'effet de l'angle de site + 10 combiné avec la contre-pente.

Le défilement diminue donc de 4 mètres par 100 mètres de recul en arrière du masque, soit 1 mètre par 25 mètres. Après un recul de 60 mètres, il a diminué de 2m,50; il est de 3m,50 : le caisson-observatoire placé à hauteur des pièces permet le commandement à la voix.

Si le défilement avait été supérieur à 4 mètres, s'il avait été, par exemple, de 7 mètres, on aurait reculé l'emplacement précédent de 80 mètres pour utiliser le caisson-observatoire, car le défilement de 7 mètres n'aurait pas justifié de passer outre à l'avantage du commandement direct à la voix. Cela serait arrivé si le masque avait eu 10 mètres au lieu de 6.

Application n° 6.

Position à occuper : Sur une pente de 30 millièmes en arrière d'un masque de 3 mètres.

But : une haie. Angle de site —10, distance 2.000 mètres.

Point dangereux : artillerie ennemie. Angle de site +10, distance 2.800 mètres;

L'angle de site du projectile, diminué de p, est égal à $40 - 30 = 10$. La distance de l'emplacement au masque est, par suite, de $\dfrac{3}{10}$ de kilomètre, ou 300 mètres.

Le défilement, par rapport au point dangereux, est de $(3^m + 6^m)$ ou 9 mètres (1).

---

(1) Au pied du masque, le défilement est de 3 mètres; en raison de la pente, il augmente de 3 mètres par 100 mètres, mais, en raison de l'angle de site +10 du point dangereux, il diminue de 1 mètre par 100 mètres; il n'augmente donc que de 2 mètres pour 100 mètres.

Le défilement par rapport au but est de 15 mètres (1).

Le caisson-observatoire est inutilisable, car il faudrait le placer à plus de 250 mètres en avant des pièces. Il est alors indispensable de recourir à un autre genre d'observatoire.

Remarque au sujet des applications précédentes.

Le chef d'escadron n'a pas à définir aux capitaines l'emplacement de leur caisson-observatoire; il doit seulement être en mesure de voir d'un coup d'œil, d'après l'emplacement approximatif choisi pour les batteries, si celles-ci pourront ou non utiliser ce caisson comme observatoire (2). C'est aux capitaines à en préciser, le cas échéant, l'emplacement.

L'étude du mécanisme complet de la reconnaissance achèvera d'ailleurs ultérieurement de fixer les idées sur la division du travail à adopter pour aboutir à un résultat à la fois sûr et rapide.

---

(1) Le défilement augmente de $3 + 1 = 4$ mètres par 100 mètres.

(2) Il suffit au chef d'escadron de connaître approximativement le degré de défilement des emplacements choisis pour ses batteries, ce degré de défilement étant considéré par rapport au but et par rapport au point dangereux.

9ᵉ EXERCICE [1].

RECONNAISSANCE DE LA POSITION AFFECTÉE AU GROUPE

Iʳᵉ PARTIE

Notions fondamentales (*fin*).
**Notions fondamentales relatives au choix et à l'organisation des observatoires
autres que les échelles sur voitures.**

Utilisé dans les conditions précédemment indiquées, le caisson-observatoire fournit incontestablement une solution satisfaisante du commandement direct des batteries convenablement défilées. Malheureusement, dans bien des cas, son emploi doit être écarté. Comme on l'a vu, en effet, si le but est distinct des points dangereux, le défilement maximum peut être, d'une part, à peine suffisant par rapport à ces derniers, et, d'autre part, notablement supérieur à 4 mètres par rapport au but.

Lorsqu'il en est ainsi, il faut, ou renoncer à se

---

(1) *Règlement de manœuvre :*
Titre IV, annexe III.
Titre V, nᵒˢ 66 et 70¹¹.
Cet exercice intéresse le commandant et les lieutenants appelés à lui être adjoints, les capitaines, les personnels des postes téléphoniques nᵒˢ 1 et 2, les servants porteurs de l'échelle et du bouclier de caisson et les signaleurs.
Après une instruction faite au quartier, on placera sur le terrain les observatoires des batteries dont les emplacements auront été déterminés au cours des exercices précédents et pour lesquelles l'échelle de caisson était inutilisable. Les dérouleurs seront spécialement exercés à suivre des itinéraires défilés, tout en déroulant leur fil au pas gymnastique, et les signaleurs à utiliser les abris naturels pour se mettre à couvert.

défiler, ou se résoudre à occuper des observatoires généralement éloignés. entraînant, par suite,
le commandement à distance, tout comme dans
la zone des grands défilements.

Il est bien rare, en effet, de trouver, *dans le voisinage immédiat de chaque batterie*, un observatoire
naturel (arbre, toiture, etc.) assez élevé pour permettre de bien voir le but malgré la grandeur du
défilement jugé nécessaire. De plus, un tel observatoire n'est recommandable que s'il ne constitue
pas un repère susceptible d'attirer le feu de
l'artillerie ennemie sur les batteries placées dans
son voisinage immédiat (1).

Si, cependant, on est conduit à occuper un
observatoire naturel élevé, il ne faut pas oublier
que l'échelle séparée du caisson et dressée en
échelle simple peut en faciliter l'accès, le bouclier
étant utilisé ou non (2). Sur un arbre, il suffit, en
général, de s'abriter derrière une maîtresse bran-
che, mais. sur une toiture, il peut être avantageux de se servir du bouclier placé en conséquence.

Considérons maintenant le cas où il faut se
résoudre à adopter un observatoire éloigné.

Deux conditions influent sur le choix de son
emplacement. La première est d'y avoir des vues
étendues dans la zone des objectifs possibles ou
existants; elle conduit à placer ce genre d'observatoires sur les crêtes ou à hauteur des lisières

---

(1) Généralement, une artillerie qui fait du repérage du
terrain prend comme objectifs les points du terrain susceptibles d'être occupés par les observateurs ennemis.

(2) L'échelle de caisson dressée en échelle simple a 3^m,30 de
long. Elle pèse, avec le bouclier, 45 kilogrammes.

des masques. La seconde condition est relative à l'organisation convenable du commandement à distance. Il faut, d'une part, que la ligne téléphonique puisse être installée suivant un itinéraire défilé, qu'elle puisse être surveillée et réparée facilement. Il faut, d'autre part, que le téléphone puisse être doublé soit par des signaleurs, soit par des transmetteurs à la voix.

Lorsque les batteries sont derrière une crête, les observatoires doivent donc être installés en face des intervalles dépourvus de canons et lorsque les batteries sont en arrière d'un masque, ils sont bien placés aux ailes du masque.

Devant les pièces le téléphone serait difficile à doubler par des signaleurs ou par des transmetteurs et, comme il ne le serait jamais dans les tirs du temps de paix, on risquerait en temps de guerre d'éprouver des déceptions. Sur la lisière du masque, l'observatoire serait très exposé au feu, la ligne téléphonique difficile à surveiller et à réparer, l'emploi des signaleurs ou des transmetteurs à peu près impossible, surtout dans le cas d'un bois épais et touffu.

Si, sur les ailes des batteries ou du masque, il existe des abris naturels tels que des rocs épais, des trous, de petites carrières, etc., on les occupe de préférence en les améliorant au besoin. Dans le cas contraire, on crée des abris artificiels.

Quand il n'y a pas de raison pour choisir des observatoires éloignés les uns des autres, le chef d'escadron a avantage à grouper son observatoire et ceux des batteries de façon à pouvoir donner ses ordres à la voix, abstraction faite de toute correction de station. *Il doit cependant faire tou-*

jours ménager au moins 50 mètres d'intervalle entre deux postes voisins, de façon qu'un même projectile ennemi ne puisse les atteindre simultanément (1).

D'ailleurs, il ne faut pas trop sacrifier au désir de diriger les feux d'un groupe en désignant les objectifs par écarts angulaires par rapport à un repère ; il existe, en effet, d'autres moyens de direction des feux.

Les observatoires peuvent être notamment assez éloignés les uns des autres si le terrain est divisé en champs de tir distincts. Dans le cas de la figure 32, l'observatoire de la batterie 3 est avantageusement placé à la gauche du groupe, alors que les observatoires du groupe et des batteries 1 et 2

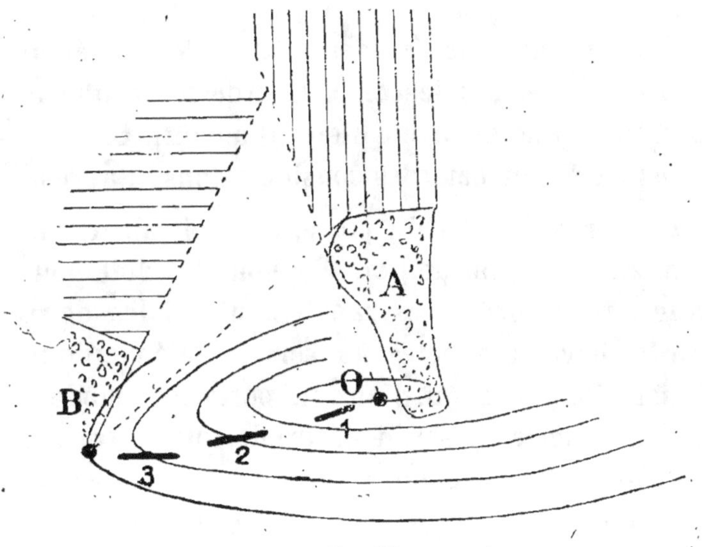

Fig. 32.

(1) Les shrapnels des canons de campagne battent efficacement un front de 20 à 25 mètres et les obus explosifs n'exercent pas d'action bien efficace à plus de 25 mètres du point d'éclatement. Mais l'obus universel de l'obusier léger allemand de 105^{mm} peut battre un front d'une cinquantaine de mètres.

sont groupés autour du point O. Grâce à ces dispositions, tout le terrain est vu malgré les bois A et B.

De la gauche, on ne voit pas le terrain couvert de hachures horizontales et, de la droite, la zone couverte de hachures verticales est invisible ; mais ce que l'on ne voit pas de la droite est vu de la gauche et réciproquement (1).

Dans le cas du masque, les observatoires doivent être peu éloignés des ailes du masque car les abords de ce dernier offrent, en général, de bons abris pour les agents de liaison, éclaireurs disponibles, etc., qui doivent stationner aux environs du commandant de groupe.

Les emplacements des observatoires étant choisis, il reste à les aménager de façon que le personnel y soit convenablement à l'abri. On peut s'inspirer pour cela des considérations ci-après :

a) L'organisation du poste, qui doit abriter le capitaine et le brigadier téléphoniste, doit pouvoir être réalisée très rapidement. Si les deux garde-chevaux affectés au service téléphonique étaient dotés, chacun, d'un outil portatif du modèle de l'infanterie, il serait désirable que le travail pût être exécuté pendant le temps de la reconnaissance.

b) Une épaisseur de terre de 40 centimètres est suffisante pour mettre le personnel à l'abri des balles de shrapnel.

---

(1) Sur la figure 32 rien n'empêcherait, d'ailleurs, si la situation des troupes amies et ennemies le justifiait, de placer les observatoires aux lisières de l'un et l'autre bois.

c) L'organisation du poste doit être telle que son utilisation soit possible quel qu'en soit le degré d'avancement. Au début, le parapet peut se réduire au bouclier de caisson placé le grand côté contre le sol et calé avec un peu de terre jetée devant et derrière.

d) Le signaleur du poste peut occuper un abri naturel jusqu'à 20 ou 30 mètres en arrière du capitaine. A défaut de cet abri, il se place en arrière et près du capitaine et s'y crée peu à peu un abri artificiel.

e) L'observatoire ne doit pas trancher sur le terrain environnant. A cet effet il convient, d'une part, d'éviter les reliefs importants et, d'autre part, de couvrir d'herbes et de branchages les terres fraîchement remuées.

f) En terrain rocheux on se sert des sacs à terre des caissons en les adossant à des parties rocheuses en saillie.

En terrain ordinaire, le dispositif représenté par la figure 33 satisfait aux desiderata précédents. Très comparable à la tranchée pour tireur assis, il peut être réalisé eu une demi-heure au plus par un homme muni d'un outil portatif d'infanterie. Quand le parapet est terminé, le bouclier de caisson devient disponible. Il peut alors être utilisé comme toiture contre les effets du tir courbe et des obus explosifs. Dans ce but, on le fait reposer, d'une part, sur le parapet en ménageant une visière entre ce dernier et le bouclier et, d'autre part, sur des piquets ou, à défaut, sur des levées de terre.

Le capitaine, assis, a le microphone à hauteur

de sa bouche; le brigadier téléphoniste, assis à côté de lui, ayant l'écouteur à l'oreille.

Il n'est pas prévu de place pour le trompette chargé de la dérouleuse; il utilise éventuellement un abri naturel, à proximité de la ligne, sinon il reste auprès du poste téléphonique de la batterie,

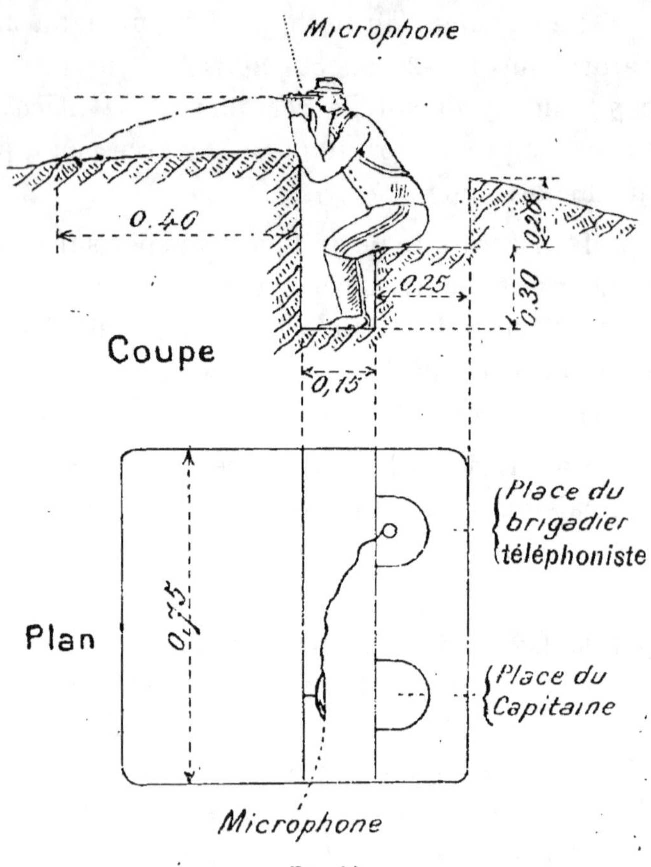

Fig. 33.

par exemple derrière un caisson de premier ravitaillement. Dans tous les cas, il surveille constamment la ligne et il se porte rapidement, en cas d'interruption de la communication, sur les points où des passages de troupes, de cavaliers ou de voitures peuvent lui faire présumer une rupture de fil.

Le signaleur de la batterie cherche, dans le voisinage de cette dernière, un abri naturel et, à défaut, il s'installe derrière un caisson de premier ravitaillement.

L'observatoire du chef d'escadron peut être organisé comme un observatoire de batterie; le lieutenant adjoint doit pouvoir y trouver place ainsi que deux brigadiers à prélever sur les éclaireurs pour installer le poste téléphonique du groupe (1).

Les agents de liaison et les éclaireurs disponibles s'abritent à l'endroit indiqué par le lieutenant adjoint et toujours le plus près possible de l'observatoire du commandant de groupe.

Il convient de faire remarquer que les observatoires latéraux se prêtent parfaitement à l'utilisation du téléphone. On objecte le plus souvent, en effet, à l'emploi de cet appareil, les dangers de rupture des fils téléphoniques.

Or, avec les observatoires latéraux, les fils peuvent passer sous la volée même des pièces où ils

---

(1) Le commandant de groupe dispose de deux jeux de matériel téléphonique transportés dans l'avant-train de la voiture-observatoire; le Règlement ne prévoit pas de personnel pour les installer et les servir.

A défaut de prescription, ce personnel peut être prélevé sur les éclaireurs disponibles arrivés sur la position.

Il y a lieu de rappeler ici que si le commandant de l'artillerie a désigné un emplacement d'atterrissage pour les avions, il appartient au commandant du groupe qui arrive le premier de se relier téléphoniquement avec cet emplacement et d'y envoyer au moins deux chevaux à la disposition éventuelle des aviateurs qui y atterriraient. Enfin il faut signaler l'emplacement par des rectangles d'étoffe.

n'ont que bien peu de chances d'être coupés sans qu'on s'en aperçoive aussitôt; d'ailleurs, la réparation d'une rupture serait immédiate. Par contre, les observatoires latéraux peuvent faire naître une certaine confusion dans la transmission par signaux, surtout si le groupe n'est pas seul. Dans ce cas, il peut être bon d'équiper les signaleurs des diverses batteries, les uns de brassards, les autres d'écharpes très visibles et de couleurs différentes.

Il convient de remarquer que l'utilisation des masques très étendus pourra souvent s'imposer pour de nombreuses batteries. Une seule bobine de 500 mètres de fil pourra être insuffisante pour relier certaines batteries à leur observatoire.

En prévision de cette insuffisance l'instruction sur le matériel téléphonique indique la manière d'utiliser plusieurs bobines.

10e EXERCICE [1].

RECONNAISSANCE DE LA POSITION AFFECTÉE AU GROUPE

IIᵉ PARTIE.

Répartition du travail. — Exécution d'ensemble de la reconnaissance. — Applications. — Temps minimum nécessaire à la reconnaissance. — Précautions à prendre en conséquence par le commandement.

I. — RÉPARTITION DU TRAVAIL PENDANT LA RECONNAISSANCE.

La reconnaissance d'une position pour un groupe de batteries comporte les nombreuses opérations qui ont été énumérées au début du 6e exercice.

Il est clair que si toutes ces opérations devaient être effectuées *complètement* par un seul officier, leur durée, hormis les cas très simples, serait inadmissible. *Le travail doit donc être réparti.*

1° *Travail du chef d'escadron.*

Le chef d'escadron doit généralement *sacrifier la précision à la rapidité*. Il se borne, par suite, à déterminer *grossièrement*, d'après la mission reçue

---

(1) *Règlement de manœuvre :*
Titre IV, nᵒˢ 141, 142, 143, 144.
Titre V, nᵒˢ 7, 8, 13, 37, 68, 69.
Titre VI, nᵒˢ 54, 93.
Cet exercice intéresse tous les cadres du groupe. Il comporte des exercices au quartier, sur le terrain de manœuvre et à l'extérieur.

et la nature du terrain, les emplacements des batteries ainsi que le genre et, éventuellement, la place des observatoires à occuper; il confie aux capitaines la tâche de modifier *légèrement* ces données si la nécessité s'en fait sentir après leur reconnaissance plus approfondie. Il surveille d'ailleurs l'exécution de ces modifications et il intervient si une batterie est conduite à des changements susceptibles d'affecter ses voisines. *Cette intervention peut être réglée* avantageusement, *une fois pour toutes*, de la façon suivante, en ce qui concerne le choix des emplacements de batteries :

Chaque capitaine se place, de sa personne et au défilement prescrit, à l'emplacement désigné pour la pièce de droite; il vérifie, par exemple, au moyen du sitomètre, que *le tir y est sûrement possible sans écrêter;* au besoin, il modifie l'emplacement. Ces opérations effectuées, il en avertit le chef d'escadron en levant le bras. Si l'ensemble des emplacements occupés paraît satisfaisant, le chef d'escadron lève le bras à son tour pour prévenir les capitaines de considérer leurs emplacements comme définitifs.

Dans le cas contraire, il ne lève le bras qu'après avoir modifié les intervalles et les échelonnements qui lui paraissent défectueux.

En ce qui concerne les observatoires, le chef d'escadron laisse le soin aux capitaines de placer le caisson s'il est utilisable et, dans le cas contraire, il les prévient d'envoyer leur brigadier téléphoniste au lieutenant adjoint qu'il charge de placer les observatoires éloignés dans une ou plusieurs zones déterminées. D'ailleurs, dès que les emplacements des batteries ont été arrêtés, le commandant de groupe s'assure que les observatoires ont été bien choisis et il les rectifie au besoin. Avant de quitter les capitaines, il a eu soin de préciser leur mission, de leur donner ses instructions pour l'occupation de la position, de leur désigner la zone où les avant-trains pourront être abrités après la mise en batterie et de leur faire connaître comment il compte diriger les feux.

Enfin, en attendant l'arrivée des pièces, le chef d'escadron surveille ou fait surveiller les mouvements de l'ennemi et il fait prendre les mesures de sécurité nécessaires.

2° *Travail des capitaines.*

Les capitaines aident, comme il a été dit, le chef d'escadron dans le choix des emplacements définitifs des batteries. Ils font marquer, au moyen de jalons munis de fanions de couleur, les ailes de leur batterie, la direction de la pièce directrice et l'emplacement du caisson-observatoire.

Dans le cas où ils ont à organiser un observatoire éloigné, les capitaines envoient le plus tôt possible au lieutenant adjoint le brigadier téléphoniste et le garde-chevaux du poste téléphonique n° 1 pour reconnaître et organiser l'observatoire ainsi que les moyens de transmission du commandement. Le trompette du capitaine, porteur d'une dérouleuse, reste avec le brigadier de tir; il déroule son fil en partant de la batterie et en suivant un itinéraire défilé.

Les capitaines font en outre reconnaître par

leur maréchal des logis chef l'emplacement des avant-trains dans la zone prescrite, se rendent à leur observatoire et font venir leur batterie suivant les indications qu'ils ont reçues du chef d'escadron pour l'occupation de la position.

3° *Travail du lieutenant adjoint.*

Il réunit, à l'abri et le plus près possible de l'observatoire du groupe, les agents de liaison et les éclaireurs disponibles ainsi que le trompette du commandant avec le cheval de ce dernier. Il fixe, s'il y a lieu, aux brigadiers téléphonistes, dans la zone indiquée par le chef d'escadron, les observatoires du groupe et des batteries.

Il se porte ensuite dans la zone où les avant-trains doivent être abrités et répartit les emplacements entre les maréchaux des logis chefs. Enfin il installe un service de sécurité immédiate en station et rend compte au chef d'escadron, à la disposition duquel il se tient, de l'accomplissement des opérations ci-dessus.

4° *Travail des maréchaux des logis chefs.*

Ces sous-officiers vont reconnaître les emplacements des avant-trains dans la zone indiquée par leur capitaine. Dès que ces emplacements ont été reconnus et répartis en cas de désaccord par le lieutenant adjoint, ils vont en rendre compte à leur capitaine. Enfin ils sont envoyés, au moment opportun, à la rencontre des batteries avec les ordres nécessaires à l'occupation de la position.

5° *Travail des brigadiers de tir.*

Les brigadiers de tir aident leur capitaine à jalonner l'emplacement et la direction de la pièce directrice. Ils installent ensuite le poste téléphonique de la batterie après s'être assurés que ce poste pourra être également relié à leur capitaine par signaleurs ou par transmetteurs à la voix. Ils placeront ultérieurement ce personnel.

6° *Travail des brigadiers des postes téléphoniques n° 1.*

Ces brigadiers marquent l'emplacement désigné pour le caisson-observatoire si ce caisson doit être utilisé. Dans le cas contraire, ils se portent, suivis des garde-chevaux des postes téléphonique n° 1, auprès du lieutenant adjoint pour en recevoir les indications relatives au choix de leur observatoire. Ils organisent ce dernier ainsi que les moyens de transmission des commandements. Ils se tiennent ensuite à leur observatoire après avoir fait abriter aux environs leur cheval et celui de leur garde-chevaux.

7° *Travail des trompettes et des garde-chevaux.*

Les trompettes déroulent, s'il y a lieu, les lignes téléphoniques *en partant du poste de la batterie.* Ils font tenir leur cheval par le garde-chevaux de ce poste.

Le garde-chevaux de la batterie tient aussi, au début, le cheval du capitaine à proximité de la batterie, et, autant que possible, à l'abri. Dans la suite, les chevaux des capitaines sont tenus par le garde-chevaux de leur observatoire.

Les trompettes se placent à l'abri et surveillent leur fil. En cas de rupture, ils se portent d'abord là où ils peuvent la présumer; s'ils la découvrent, ils la réparent aussitôt.

Lorsque tout le personnel a terminé son travail, les batteries peuvent occuper la position; elles ont tous les éléments pour préparer leur tir et ouvrir le feu à peu près immédiatement.

II. — Exécution d'ensemble de la reconnaissance.

Un peu avant d'arriver sur la position, le lieutenant adjoint rallie à l'abri des vues les éclaireurs et les jalonneurs disponibles; il reconnaît la position d'arrêt éventuel des batteries, puis il attend le chef d'escadron en achevant de bien s'orienter sur le paysage et sans se montrer.

Le chef d'escadron se porte auprès du lieutenant adjoint, se rend compte de la situation et de la mission qui lui est confiée.

Il détermine à simple vue les emplacements des batteries et le genre d'observatoires à occuper en conséquence; en cas d'observatoires éloignés, il indique au lieutenant adjoint les zones où il devra les placer, ainsi que la zone où les avant-trains seront envoyés. Il appelle alors les capitaines à lui par un geste simple, par exemple en levant trois fois le bras (1). Il les met, en deux mots, au cou-

---

(1) S'il n'en veut appeler qu'un, il peut faire du bras droit le numéro de la batterie et lever trois fois le bras gauche.

rant de la situation, il leur donne son ou ses repères et leur mission (1), il leur indique son poste
d'observation et, s'il y a lieu, la zone où se trou-
vera leur observatoire ainsi que la région où ils
auront à faire reconnaître un emplacement pour
les avant-trains. Puis, après avoir indiqué les
emplacements approximatifs des batteries, il
donne ses ordres pour l'occupation judicieuse de
la position et pour assurer la direction ultérieure
des feux.

Enfin il arrête les emplacements définitifs des
batteries (voir page 144), vérifie les observatoires,
reçoit le compte rendu du lieutenant adjoint et
surveille l'ennemi.

Les capitaines aident tout d'abord le commandant à déterminer les emplacements exacts des
batteries; ils appellent ensuite d'un geste leurs
agents de reconnaissance. Ils envoient, le cas
échéant, le brigadier téléphoniste et son garde-
chevaux dans la zone des observatoires où les
attend le lieutenant adjoint. Ils envoient de même
leur maréchal des logis chef reconnaître dans la
zone prescrite un emplacement pour les avant-
trains.

Aidés du brigadier de tir, les capitaines jalonnent ensuite la pièce directrice et le front de la

---

(1) Dans la répartition des objectifs entre les batteries, il
ne faut pas craindre de croiser les feux. Ce croisement est
généralement avantageux et quelquefois il s'impose. Il arrive
notamment que la batterie de gauche voit mieux la droite du
champ de tir du groupe.

Lorsque les batteries sont très étalées, le croisement des
feux peut favoriser le défilement par rapport au point dangereux et permettre d'appuyer plus longtemps un assaut.

L'efficacité du tir ne peut, d'autre part, qu'y gagner.

batterie. Ils envoient auparavant à l'abri à proximité leur cheval avec ceux du poste téléphonique de la batterie ou poste n° 2.

Ils rejoignent enfin leur observatoire, reçoivent le compte rendu de leur maréchal des logis chef et donnent leurs ordres à ce dernier pour l'occupation de la position.

Pour ne rien oublier, le commandant de groupe peut se rappeler le schéma suivant :

Au lieutenant adjoint :

Poste du chef d'escadron et observatoires des batteries.
Avant-trains.

Aux capitaines :

1. Situation.
2. Repères et mission.
3. Poste du commandant de groupe, zone des observatoires, s'il y a lieu, et région des avant-trains.
4. Emplacements approximatifs des batteries.
5. Manière d'occuper la position,
6. Moyen de diriger ultérieurement les feux.
7. Emplacements définitifs des batteries.

Dans ce qui précède, on a supposé que les capitaines et leurs agents avaient été amenés en reconnaissance comme il convient et comme le Règlement le pose en principe. S'il n'en est pas ainsi, la reconnaissance est plus longue ou moins complète, surtout s'il faut marquer l'emplacement de chaque batterie par son agent de liaison. Dans ce cas, le commandant de groupe peut faire vérifier les emplacements approximatifs par le lieutenant adjoint qui place chaque fois l'agent de liaison correspondant. Lorsque les capitaines arrivent, ils terminent les opérations déjà commencées sans eux.

Quelques applications achèveront de bien fixer les idées sur le mécanisme général de la reconnaissance.

Bien que les considérations relatives à l'occupation des positions et à la direction des feux soient exposées plus loin dans le 11ᵉ exercice, les ordres concernant ces opérations ont été néanmoins formulés dans les applications ci-après, de façon à bien préciser dans leur ensemble les résultats de la reconnaissance.

Application n° 1.

Le groupe a pour mission de prendre position derrière une crête, pour contrebattre une artillerie établie sur les parties les plus élevées du terrain tenu par l'ennemi.

La position à occuper a le profil indiqué sur la figure 34. Le front du groupe peut atteindre 300 mètres.

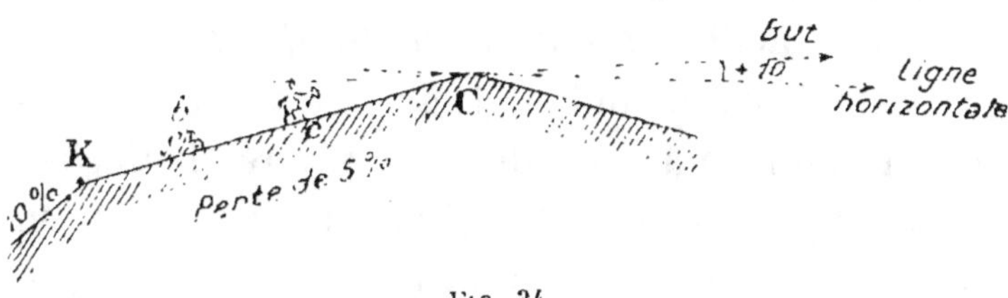

FIG. 34.

A) *Préparation des ordres.*

Le chef d'escadron, suivi du lieutenant adjoint et de son trompette, se porte vers la crête C : il s'y arrête en C au défilement de l'homme à cheval par rapport au but dont il évalue l'angle de site à +10 millièmes et la distance à 2.800 mètres. Il apprécie également la pente du terrain à 5 p. 100.

Il en résulte (exercices précédents) que le tir à 2.800 mètres est possible de n'importe où, sur la pente, sans risques d'écrêter. Mais, pour permettre d'utiliser les voitures-observatoires et commander à la voix, le commandant de groupe décide de se contenter du défilement des lueurs. En b tel que $bc = cC$, se trouve un buisson qui marque à peu près le défilement voulu.

Le front du groupe à intervalles normaux étant de 220 mètres, les pièces sont placées à intervalles normaux et les batteries à des intervalles de 70 mètres au lieu de 28 (exercices précédents).

Les avant-trains peuvent être placés en arrière de la pente plus raide de 10 p. 100 et sur la droite des batteries.

Enfin on verra dans le 11e exercice que l'occupation de la position peut être simultanée pour les 3 batteries en colonne doublée, la longueur bK étant supposée trop faible pour rendre avantageuse la mise en batterie en bataille.

Quant à la direction des feux, elle peut se faire évidemment à la voix.

B) *Ordres donnés au lieutenant adjoint :*

Poste du commandant de groupe sur la voiture-observatoire entre les deux premières batteries ;

Les avant-trains à droite du groupe et en arrière de la pente de 10 p. 100.

C) *Ordres aonnés aux capitaines :*

1. *Situation :* notre infanterie ne peut avancer de tel bois en raison des feux de l'artillerie ennemie.

2. *Mission :* le groupe va contrebattre cette artillerie.

Point de repère : tel objet. A droite 180, site + 10 : artillerie, front 90.

3. *Observatoires :* le chef d'escadron entre les deux premières batteries; les capitaines sur les caissons.

Emplacement des *avant-trains :* en arrière et à droite du groupe.

4. *Emplacements approximatifs des batteries :* vers le buisson *b* au défilement des lueurs.

La droite du groupe à 100 mètres à droite de ce buisson.

Les batteries : dans l'ordre 1, 2, 3.

Intervalles entre les pièces : 14 mètres; entre les batteries : 70 mètres.

5. *Occupation de la position :* simultanée. En colonne doublée à cheval et au trot.

6. *Direction des feux :* à la voix.

7. *Marquez les emplacements des pièces directrices.*

Au reçu de l'ordre 7 les capitaines se placent aux emplacements indiqués; ils vérifient que le défilement y est bien de 4 mètres; ils mettent pied à terre, vérifient la possibilité de tirer et lèvent le bras.

Le chef d'escadron levant le bras à son tour, les capitaines appellent d'un geste convenu, par exemple en levant le képi, leurs agents de reconnaissance.

Le maréchal des logis chef reçoit l'indication de la zone prévue pour abriter les avant-trains dont il va reconnaître l'emplacement exact.

Le brigadier de tir et le trompette mettent pied à terre et donnent leurs chevaux ainsi que celui du capitaine au garde-chevaux. Celui-ci les conduit à l'emplacement indiqué par le capitaine.

Le capitaine, aidé du brigadier de tir, jalonne la place et la direction de la pièce directrice ainsi que la gauche de la batterie.

Le brigadier du poste téléphonique n° 1 marque l'emplacement du caisson-observatoire.

Le maréchal des logis chef, ayant reconnu l'emplacement des avant-trains, revient auprès du capitaine pour recevoir les ordres relatifs à l'occupation de la position, puis il se porte à la rencontre du lieutenant pour les lui transmettre.

Pendant ce temps, le chef d'escadron s'est rendu à l'emplacement de l'observatoire du groupe où il est rejoint par le lieutenant adjoint qui a réparti les emplacements des avant-trains et chargé un éclaireur disponible d'amener la voiture-observatoire de groupe à l'emplacement désigné, dès qu'elle arrivera sur la position (1).

---

(1) Il peut être entendu, une fois pour toutes, avec le conducteur de devant de la voiture-observatoire, que, si celle-ci n'est pas conduite par un gradé, c'est qu'elle ne sera pas utilisée et qu'il convient en conséquence de l'emmener avec les avant-trains de la batterie la plus voisine. Lorsque la voiture est utilisée, c'est d'ailleurs avec les mêmes avant-trains que ce conducteur doit abriter ses attelages.

Application n° 2.

Le groupe *seul* est sur le point d'entrer en ligne. Il est chargé, à la fois, d'appuyer une attaque contre le parc d'un château dont l'angle de site est —10 et la distance 2.000, et de contrebattre une artillerie ennemie, signalée à l'angle de site+15 et à la distance 2.800.

La position à occuper a le même profil que pour l'application n° 1.

Le front du groupe peut encore atteindre 300 mètres.

A) *Préparation des ordres.*

Défilement possible contre l'artillerie (p—S =50—15=35<70) : tout défilement.

Le commandant adopte, pour les contre-batteries, le défilement des lueurs, qui permet le commandement à la voix en utilisant les voitures-observatoires.

Défilement possible contre le mur de parc (p—S=50+10=60>50) : variable suivant que l'on décide d'occuper la zone de crête ou la zone des grands défilements.

Dans la zone des grands défilements, il faudrait se porter à 400 mètres en arrière sur la pente de 5 p. 100 et, comme on rencontrerait avant cette distance la pente de 10 p. 100, on serait conduit à aller encore plus loin. Le commandant de groupe décide, en conséquence, d'occuper la zone de crête. Dans cette zone, au défilement de l'homme à cheval correspond un espace mort de 3 (5+1)=1.800 mètres : il est admissible. Ce défilement est donc adopté ; malheureusement, si de l'emplacement ainsi déterminé on regarde vers l'artillerie ennemie, on voit que le défilement n'est guère supérieur à celui du matériel (1). D'autre part, la crête étant dépourvue de tout buisson ou arbuste, on renonce à utiliser le caisson-observatoire et on prévoit un observatoire terrestre un peu en avant et sur le côté.

Au point de vue des intervalles, il faut tenir compte de l'échelonnement de la 1re batterie destinée à tirer sur le mur par rapport aux deux autres destinées à contrebattre l'artillerie ennemie. Cet échelonnement est trouvé sur le terrain d'une soixantaine de mètres.

D'autre part, le front du groupe est supérieur de 80 mètres au front normal, et 30 mètres de ce supplément de front étant destinés à être ajoutés à l'intervalle normal de la 1re batterie, pour obtenir les 60 mètres nécessaires il reste 50 mètres à répartir : la 1re batterie étant visible par ses lueurs, le commandant de groupe double le front de cette batterie.

En résumé, la 1re batterie à intervalles de 30 mètres occupe un front de 100 mètres, l'intervalle entre la 1re et la 2e batterie est fixé à 70 mètres. En comptant 50 mètres pour le front de chacune des 2e et 3e batteries, un intervalle de 30 mètres peut être ménagé entre ces deux batteries.

---

(1) Dans les applications en chambre, comme c'est le cas ici, on supplée à la vue par le calcul fait à l'avance. D'après la formule de la page 121, au défilement de l'homme à cheval par rapport au mur de parc correspond, par rapport à l'artillerie ennemie, un défilement de $2,5\dfrac{50-15}{50+10}$ ou $1^m,35$.

Les avant-trains peuvent être placés comme dans l'application précédente. L'occupation de la position doit être simultanée pour les 2e et 3e batteries. Mais la 1re batterie ne doit occuper son emplacement que lorsque les deux autres sont en mesure d'ouvrir le feu. Encore doit-elle le faire en colonne et pied à terre.

La solution adoptée ci-dessus, qui consiste à placer deux batteries côte à côte pour tirer sur l'artillerie ennemie, la 3e batterie étant séparée des deux autres afin de mieux appuyer directement l'attaque d'un point d'appui, soulève un problème intéressant relativement au choix, dans ce cas, de l'observatoire du commandant de groupe.

Ce commandant va-t-il se placer entre les deux contre-batteries qui constituent la fraction principale de son unité, ou va-t-il s'installer de préférence auprès de la 3e batterie dont la mission est plus délicate ?

Plusieurs arguments militent en faveur de cette dernière solution.

Le chef d'escadron peut alors, en effet, mieux utiliser les renseignements qui lui parviennent du commandant de l'infanterie amie, avec lequel il a dû établir une liaison, et même les résultats de ses propres investigations. C'est également là qu'il est le mieux placé pour rectifier le plus efficacement les erreurs ou les malentendus qui peuvent se produire dans son groupe, car son intervention éventuelle n'a pas besoin d'être aussi immédiate quand il s'agit des contre-batteries. Enfin, c'est là qu'*en général*, le terrain offre les vues les plus étendues et permet de mieux voir l'ensemble du champ d'action du groupe.

Au contraire, la direction des feux des deux contre-batteries présente bien rarement des difficultés et, si elle en présente, il est facile de remédier à temps aux conséquences d'une solution imparfaite.

Mais il n'y a pas de règle sans exception. Il en est ainsi dans le cas où, par exemple, pour bien battre un point d'appui et ses abords ou pour bien soutenir le moral de l'infanterie amie, il faut placer la batterie précédemment considérée dans une zone d'où les vues sont mauvaises sur l'ensemble du champ d'action du groupe. Dans cette circonstance, le chef d'escadron peut avoir avantage à rester près des deux contre-batteries si les vues y sont très favorables; il laisse alors toute latitude à l'autre batterie, lui confiant aussi le soin d'établir la liaison avec le commandant de l'infanterie amie chargée de l'attaque (1).

Cependant le commandant de groupe ne doit pas oublier qu'un capitaine a déjà bien à faire pour le réglage et l'exécution du tir et qu'il faut éviter de le charger d'autres préoccupations.

Dans l'application qui a motivé cette digression le chef d'escadron décide, en vertu des principes exposés ci-dessus, de placer son observatoire dans le voisinage de celui de la 1re batterie.

---

(1) La même solution peut être envisagée si la batterie d'appui direct est très éloignée des deux autres. Celles-ci, ou l'une d'elles, peuvent en effet être appelées aussi à participer à l'appui direct : il faut que le commandant puisse le leur prescrire et les renseigner.

B) *Ordres donnés au lieutenant adjoint.*

Observatoire du commandant : dans le voisinage de l'observatoire de la 1re batterie.

Les avant-trains à droite du groupe et en arrière de la pente de 10 p. 100.

C) *Ordres donnés aux capitaines.*

1. *Situation.* — Notre infanterie attaque tel parc, mais l'artillerie ennemie la gêne, et le parc est entouré d'un grand mur.

2. *Repère et mission.* — Point de repère : tel objet.

La 1re batterie tirera sur le mur de parc et appuiera l'attaque; les 2e et 3e batteries contre-battront l'artillerie ennemie. La désignation précise des objectifs se fait d'ailleurs de la façon habituelle.

3. *Observatoires et avant-trains.* — Le chef d'escadron dans un observatoire terrestre au voisinage de celui de la 1re batterie. Pour les 2e et 3e batteries : le caisson-observatoire.

Pour la 1re batterie : un observatoire avancé et à droite.

Les avant-trains réunis en arrière et à droite du groupe.

4. *Emplacements approximatifs des batteries.* —
1re batterie : défilement de l'homme à cheval par rapport au mur du parc.

2e et 3e batteries : défilement des lueurs par rapport à l'artillerie ennemie.

La droite de la 1re batterie vis-à-vis du buisson

b avec des intervalles de 30 mètres entre les pièces.

Pour les 2e et 3e batteries : intervalles de 14 mètres entre les pièces. Intervalle entre les 1re et 2e batteries, 70 mètres, et 30 mètres entre les 2e et 3e batteries.

5. *Occupation de la position.* — La 1re batterie occupera pied à terre son emplacement quand les 2e et 3e batteries seront prêtes à ouvrir le feu (1).

6. *Direction des feux.* — Une zone à chacune des 2e et 3e batteries et, éventuellement, envoi d'un agent de liaison; direction à la voix pour la 1re batterie.

7. *Marquez les emplacements de batterie.*

L'exécution de ces divers ordres est la même que dans l'application n° 1.

Si un masque latéral l'eût permis, le caisson-observatoire eût pu être utilisé pour la 1re batterie.

Si le commandant de groupe avait adopté pour la 1re batterie la zone des grands défilements, il aurait pu occuper le front de 300 mètres avec les 2e et 3e batteries, séparées ou non par un intervalle de 200 mètres, puisqu'elles sont invisibles, et il aurait prescrit à la 1re batterie de se porter en arrière sur un emplacement correspondant à une distance de la crête de 400 mètres, comptée sur la pente de 5 p. 100. Il aurait, en outre, recom-

---

(1) Il est avantageux, pour éviter tout retard, que les capitaines des contre-batteries aient l'habitude de prévenir par un geste le capitaine de la batterie dont l'entrée en ligne est subordonnée à la fin de leurs opérations.

mandé à cette batterie de bien vérifier, avant d'occuper son emplacement, que le tir sera, le cas échéant, largement possible par-dessus les contre-batteries situées en avant d'elle (1).

Application n° 3.

Le groupe a pour mission de battre une longue lisière de village vu d'une crête à l'angle de site — 30 et à la distance 2.000 mètres. D'autres groupes contrebattent difficilement l'artillerie ennemie vue, de la même crête, sous l'angle de site + 15 et à la distance 3.500 mètres. Cette artillerie ennemie a, d'ailleurs, eu l'occasion de régler son tir sur la crête affectée au groupe comme position.

Le front du groupe peut atteindre 400 mètres.

La pente du terrain à occuper est de 6 p. 100 sur 200 mètres de profondeur; elle est prolongée par une pente de 10 p. 100 qui aboutit à un fond de vallée, comme le montre la figure 35.

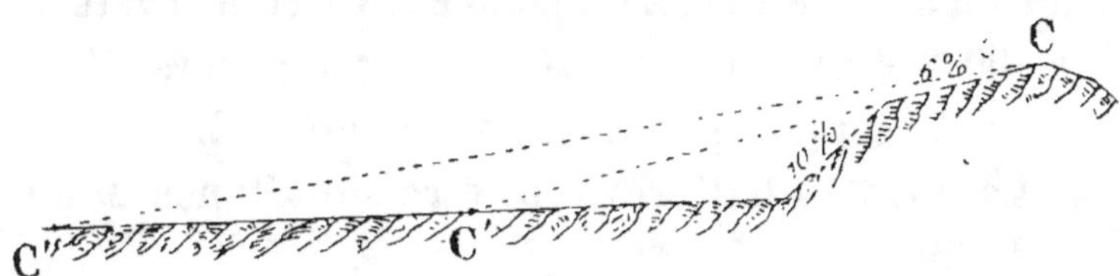

FIG. 35.

A.) *Préparation des ordres.*

Défilement possible dans le tir contre la lisière de village : $p - S = 60 + 30 = 90$, angle qui correspond à 3.600 mètres. Il faut donc reculer en arrière de C ou occuper la zone de crête.

---

(1) Avec un personnel expérimenté cette recommandation est inutile.

Dans la zone de crête, le défilement possible pour tirer sans écrêter est un peu supérieur à celui de l'homme à pied, qui correspondrait à un espace mort de 1.800 mètres; il est de 2 mètres.

Par rapport à l'artillerie ennemie, le défilement correspondant est seulement de $0^m,86$ (1) : le matériel lui-même serait vu car il n'existe aucun masque latéral. D'autre part, l'artillerie ennemie a déjà eu l'occasion de tirer sur la crête C : l'occupation de l'emplacement de crête paraît donc impossible et, malgré les inconvénients généralement attribués à la zone de grand défilement, le commandant de groupe se résoud à y placer ses batteries, de crainte de ne pouvoir remplir sa mission ailleurs. La longueur C C′ étant évaluée à 600 mètres seulement, le chef d'escadron vise un point C″ en arrière de C′ et trouve que la pente de la ligne C C″ est de 4 p. 100. Sur cette pente, on aurait $p - S = 40 + 30 = 70$: il suffirait de reculer de 800 mètres. La distance C C″ étant évaluée à 900 mètres, on peut établir le groupe vers C″.

Les observatoires seront sur la crête C.

La mise en batterie peut être simultanée et en bataille.

Les avant-trains peuvent être placés près des batteries sur une aile. Au point de vue des intervalles, il convient de conserver 14 mètres entre les pièces et, comme le groupe est complètement invisible, on répartit les 3 batteries sur le front de 400 mètres. On a 250 mètres pour deux intervalles, soit 120 à 130 mètres pour chacun d'eux.

---

(1) Défilement par rapport au but $= 2 \times \dfrac{50-15}{50+30} = 2 \times \dfrac{35}{80} = 0^m,86$.

La direction des feux est possible à la voix, les observatoires étant à peu de distance les uns des autres dans la zone de crête.

B) *Ordres donnés au lieutenant adjoint :*

Les observatoires dans la zone de crête vers tel point.

Avant-trains à droite du groupe et un peu en avant.

C) *Ordres donnés aux capitaines :*

1. *Situation.* — Notre infanterie attaque tel village. L'artillerie ennemie occupe telle position. Elle est contrebattue difficilement par notre artillerie. La position affectée au groupe est en arrière d'une crête sur laquelle l'artillerie ennemie a eu occasion antérieurement de régler son tir.

2. *Mission et repère.* — Point de repère : tel objet.

Le groupe a pour mission de battre les lisières du village que l'on se prépare à enlever.

3. *Observatoires et avant-trains.* — Les observatoires dans la zone de crête vers tel point. Les avant-trains à droite du groupe et un peu en avant.

4. *Emplacements approximatifs des batteries.* — Vers tel point, à 900 mètres environ en arrière de la crête:

La droite de la 1re batterie en face de tel point, les batteries dans l'ordre 1, 2, 3 avec intervalles de 14 mètres entre les pièces, 120 mètres entre les batteries.

5. *Occupation de la position.* — Mise en batterie simultanée des trois batteries en bataille, au trot.

6. *Direction des feux* : à la voix.

7. « Marquez les emplacements ».

Au reçu de l'ordre 7, les capitaines occupent l'emplacement de la pièce directrice, vérifient la possibilité du tir (1) et lèvent le bras; les emplacements sont bons, le commandant en fait autant.

Les capitaines appellent leurs agents de reconnaissance : ils envoient le personnel du poste téléphonique n° 1 au lieutenant adjoint dans la zone des observatoires et les maréchaux des logis chefs dans la zone des avant-trains. Le personnel du poste téléphonique n° 2 met pied à terre. Le front de la batterie est marqué par des jalons, ainsi que l'emplacement du caisson-observatoire.

Le capitaine se porte ensuite sur la crête avec le brigadier de tir, mais il laisse le garde-chevaux auprès du jalon de la pièce directrice afin d'en rendre l'emplacement visible de loin.

De la crête, le brigadier de tir peut voir généralement le garde-chevaux, puisque le point C″ a été obtenu par une visée faite du voisinage de la crête. Par suite, le jalonnement peut se faire comme d'habitude; la seule différence est que, le brigadier de tir étant très loin de la pièce directrice, il doit planter son jalon plus près de cette dernière que l'emplacement qu'il occupe. A cet effet, il observe un point convenable sur la ligne qui le joint au garde-chevaux et c'est là qu'il va planter son jalon.

---

(1) L'angle de site de la crête, mesuré de l'emplacement des batteries, est de 49 millièmes.

L'angle de site du but est de $-30 + 20 = -10$. L'angle de site du projectile est égal à $-10 + 70 = 60$: il est supérieur à 40 : le tir est possible. Il l'est même largement, étant donnée la marge de sécurité de nos formules de vérification.

Si, cas très improbable, le jalonnement ne peut se faire, on peut procéder par alignements successifs mais le procédé le plus simple et le plus rapide consiste à partir d'une direction estimée à l'œil, de faire éclater un coup un peu haut, à grande distance dans cette direction et de corriger en conséquence la dérive essayée.

Quoi qu'il en soit, le brigadier de tir revient à la batterie pour y installer le poste téléphonique, après en avoir reconnu l'emplacement avec le capitaine.

De son côté, le lieutenant adjoint a fixé les emplacements des observatoires et des avant-trains sous le contrôle du commandant de groupe. Les brigadiers téléphonistes ont organisé l'observatoire de leur batterie et les trompettes ont déroulé les fils téléphoniques (1).

Les maréchaux des logis chefs reviennent rendre compte à leur capitaine de l'exécution de leur mission ; ils sont envoyés ensuite aux lieutenants pour leur transmettre les indications nécessaires : mise en batterie en bataille, au trot, simultanée pour le groupe ; les avant-trains à la droite et un peu en avant ; les observatoires sur la crête, à 900 mètres en avant ; tous les emplacements sont marqués sur le terrain par des jalons.

Application n° 4.

Le groupe a pour mission de s'établir derrière un bois de haute futaie (hauteur des arbres, 20 mètres), sur un terrain sensiblement horizontal,

---

(1) On suppose que chaque batterie utilise ses deux bobines puisqu'ici les lignes ont au moins 900 mètres de long.

pour battre une lisière de village vu de la lisière du bois sous l'angle de site — 10, à la distance 2.000. En arrière du village se trouve une artillerie ennemie contrebattue par d'autres groupes.

L'angle de site du projectile est égal à 40 milllèmes. La distance à laquelle il faut placer les batteries en arrière du masque est $\frac{20}{40} = 0^{km},500$.

Les observatoires seront à l'aile du masque. Les avant-trains en arrière et à une aile du masque, ou à une aile du groupe et tout contre la lisière postérieure du bois.

Mise en batterie en bataille, au trot et simultanée pour les trois batteries.

La direction des feux à la voix.

Le jalonnement des emplacements exacts des batteries, des observatoires, etc., ne donne lieu à aucune observation intéressante.

Les ordres sont donnés comme dans les applications précédentes; il paraît inutile de les développer ici.

III. — TEMPS MINIMUM NÉCESSAIRE A LA RECONNAISSANCE DE LA POSITION AFFECTÉE AU GROUPE.

Précautions à prendre en conséquence par le commandement.

Si l'on admet, avec le Règlement, que « l'artillerie occupera de préférence des positions masquées », les applications précédentes, qui satisfont à ce desideratum et qui n'ont pas été compliquées pour les besoins de la cause, montrent que, même si les pièces tombaient du ciel sur la position en même temps que les reconnaissances, il s'écoulerait souvent un temps assez long avant de pouvoir les mettre en batterie. Le commandement doit escompter ce temps et ne jamais perdre de vue que pour placer convenablement un groupe, il faut environ vingt minutes dans les cas faciles, trente minutes dans les cas ordinaires, trois quarts d'heure dans les cas très difficiles, *ces durées étant comptées à partir du moment où le chef d'escadron est arrivé sur la position et a reçu sa mission* (1).

Si l'on admet que la vitesse de marche du personnel de la reconnaissance est double de celle des batteries, il faut donc, dans les cas faciles, que, si le chef d'escadron marche avec les batteries, il ait pu les quitter quarante minutes avant qu'elles n'arrivent sur la position, c'est-à-dire lorsqu'elles en sont encore à environ 5 kilomètres. Dans les cas ordinaires, cette distance devrait être de 8 kilomètres et de 10 à 12 dans les cas très difficiles. Si ces distances ne sont pas observées ou si le commandant de groupe ne marche pas assez en avant

---

(1) Préparation des ordres.......... au moins 5 minutes.
Ordre au lieutenant adjoint.......... — 1 —
Ordres aux capitaines................ — 2 —
Fixation des emplacements de batterie. — 3 —
Jalonnement des fronts et des pièces directrices et mise en place du caisson-observatoire.................. — 3 —
Instructions à donner aux maréchaux des logis chefs.................... — 1 —
Transmissions aux batteries, mise en batterie, formation du faisceau..... — 2 —

TOTAL............. au moins 17 minutes, soit 20 minutes en nombre rond.

Dans ce temps n'est pas compris celui du parcours de la position par le chef d'escadron. On suppose que dans les cas faciles, ce parcours peut se faire... des yeux.

des batteries, celles-ci arriveront avant la fin de la reconnaissance et devront attendre.

Si, par exemple, le commandement sait que tel groupe, avec lequel marche le chef d'escadron, ne sera prévenu qu'à 2 kilomètres de la position, il doit compter, dans les cas ordinaires, que les batteries devront attendre un quart d'heure avant de pouvoir occuper la position. Cette attente doit être escomptée au même titre que celle de l'arrivée d'une infanterie qui a besoin de deux heures de marche si elle est à 8 kilomètres en arrière. Il faut bien lui accorder ce temps malgré tout le désir et le besoin qu'on puisse avoir d'en disposer instantanément.

Il faut. par suite, pour diminuer les temps perdus, *ne pas hésiter à pousser en avant des batteries tous les chefs de l'artillerie et leurs agents de reconnaissance.*

Normalement, les reconnaissances de groupe devraient, dès que l'on est à proximité de l'ennemi, marcher, autant que possible, à 1 ou 2 kilomètres en avant des pièces.

Le retard d'une ouverture du feu ne doit donc pas toujours être attribué à la lenteur des opérations techniques; il provient souvent, au contraire, du retard à faire venir les reconnaissances, retard qui peut, d'ailleurs, être dû à des circonstances inévitables. Il n'est imputable, en particulier, aux reconnaissances de groupe que si ces reconnaissances n'ont pas gagné, pendant la marche d'approche, toute l'avance possible ou si, l'ayant gagnée, elles ont consacré plus d'une demi-heure à leurs opérations dans les cas ordinaires.

Une artillerie qui profiterait, d'ailleurs, de ce

qu'en temps de paix, on opère le plus souvent sur des terrains connus à l'avance pour escamoter les opérations et en abréger la durée, tromperait en réalité, le commandement qui serait fortement déçu, à la guerre, en ne se voyant pas servi avec toute la rapidité à laquelle on lui aurait à tort laissé croire.

L'artillerie doit agir *vite et bien;* mais, comme aux autres armes, il lui faut un temps minimum pour obtenir un résultat déterminé. Ce temps minimum a été indiqué plus haut : ne pas le lui accorder, c'est lui demander l'impossible, l'obliger à mal opérer ou la sacrifier *inutilement.*

11e EXERCICE [1].

Occupation de la position.

Choix du mode de mise en batterie. — Allure à employer. — Mise en batterie simultanée ou successive des batteries du groupe — Dispositions à prendre pour l'ouverture et la direction des feux. — Mesures à prendre par l'échelon.

La reconnaissance terminée (exercice précédent), le chef d'escadron et les capitaines ont gagné leurs observatoires ou sont dans leur voisinage; les fronts des batteries sont marqués par des jalons ainsi que les directions des pièces directrices; les lignes téléphoniques sont déroulées, s'il y a lieu, ou sont en cours de l'être (2); les chevaux des capitaines et du personnel des postes téléphoniques n° 1 sont abrités le plus près possible des observatoires correspondants et conformément aux indications des capitaines.

---

(1) *Règlement de manœuvre :*
Titre V, n° 72.
Titre VI, n°° 58, 59, 73, 76, 96, 97.
Cet exercice intéresse tout le personnel de reconnaissance du groupe, les lieutenants et les adjudants. Il comprend des séances théoriques en chambre et des séances d'application sur le terrain de manœuvre puis en terrain varié. Pour les séances d'application on constitue à fort effectif tantôt les échelons, tantôt les batteries de tir, en réduisant pour cela l'un de ces éléments à l'effectif minimum nécessaire à son fonctionnement. L'instruction pratique du personnel est enfin complétée lorsque le groupe a l'occasion de manœuvrer sur le pied de guerre.

(2) La ligne peut être arrêtée un peu avant du poste n° 2 et n'être installée ainsi complètement qu'après la mise en batterie. Cela évite de faire passer les voitures sur le fil, bien que ce passage ne présente pas d'inconvénient en général.

Les agents de liaison, les éclaireurs disponibles et le trompette du commandant tenant le cheval de cet officier supérieur et celui du lieutenant adjoint sont également abrités le plus près possible de l'observatoire du groupe. Les chevaux du personnel des postes téléphoniques n° 2 sont placés de même par rapport à leurs batteries. Les maréchaux des logis chefs ont reconnu les emplacements des avant-trains; ils ont rejoint leurs capitaines et sont prêts à se porter à la rencontre des lieutenants. Grâce à l'emploi des jalons qui dessinent sur le terrain la plupart des renseignements utiles, mieux que ne le feraient de longs discours, les ordres à envoyer aux batteries pour l'occupation de la position peuvent être très succincts. Il suffit, le plus souvent, d'indiquer le *mode de mise en batterie à employer* (de flanc, ou en bataille, à cheval ou pied à terre), *l'allure* (au pas ou au trot), la *place relative* de la batterie dans le groupe et si la mise en batterie doit être liée ou non à celle des batteries voisines.

I. — Choix du mode de mise en batterie.

Hormis les cas où la mise en batterie doit se faire sur les chefs de pièce, il existe deux modes principaux de mise en batterie dont il importe de bien connaître les propriétés. Ce sont : la mise en batterie de flanc et la mise en batterie en bataille.

La mise en batterie de flanc est généralement moins rapide que la *mise en batterie en bataille.* Elle est, en outre, plus vulnérable si elle est surprise par le feu de l'artillerie ennemie. Elle s'impose cependant dans le cas où le matériel doit être établi au simple défilement de l'homme à cheval par rapport au point dangereux.

Sur les pentes ordinaires, la mise en batterie de flanc s'impose même pour un défilement de $3^m,50$ (1).

Aussi ne doit-on admettre, en toute sécurité, la mise en batterie en bataille que si l'emplacement est à un défilement supérieur à celui des lueurs.

La *mise en batterie en bataille*, plus rapide et moins vulnérable en cas de surprise que la mise en batterie de flanc, est au contraire recommandable toutes les fois que le défilement est supérieur à 4 mètres. Elle trouve aussi souvent son application lorsqu'il s'agit d'établir les pièces en arrière d'un masque de hauteur supérieure à celle de l'homme à cheval Cependant, même pour un défilement supérieur à celui des lueurs, la mise en batterie de flanc peut être préférable dans le cas où, pour arriver en bataille, les voitures ont à remonter un terrain accidenté suivant la ligne de plus grande pente.

Quel que soit le mode de mise en batterie adopté, il est plus avantageux, pour la bonne conduite des voitures, de laisser les conducteurs à cheval. Cependant, il est des circonstances où

---

(1) Sur une pente de n p. 100, le conducteur de devant étant arrêté au défilement de l'homme à cheval, le canon qui est à 14 mètres en arrière a le bas de ses roues à un niveau inférieur de $\dfrac{14\,n}{100}$ mètres par rapport aux pieds des chevaux de devant. Le défilement du canon est ainsi de $2^m,50 + \dfrac{14\,n}{100}$.

Pour une pente (pratiquement forte) de $n = 8$ p. 100, le canon serait arrêté au défilement de $3^m,62$.

la mise en batterie pied à terre est justifiée. On en a vu un exemple dans le 10e exercice (application n° 2, page 155).

Le choix du mode de mise en batterie, de flanc ou en bataille, à cheval ou pied à terre, est en principe à la disposition des capitaines. Ce choix est en effet basé, comme on l'a vu, sur le degré de défilement qui peut varier d'une batterie à l'autre. Si, cependant, la mise en batterie doit être simultanée dans le groupe, le chef d'escadron peut avantageusement, pour éviter tout désordre, fixer à ses trois unités le mode de mise en batterie.

II. — Choix de l'allure.

En général, s'il n'y a pas de poussière susceptible de déceler l'arrivée des chevaux et des voitures, il est indiqué de mettre en batterie au trot. Cependant, si le terrain est très difficile ou très mou, il peut y avoir plus d'avantages à aller au pas qu'au trot. Les à-coups fréquents qui se produisent dans ces terrains font perdre en effet, le plus souvent, le bénéfice de la rapidité du trot.

Au contraire, sur certains terrains découverts, il faut allonger le trot, sous la réserve, toutefois, de le ralentir lors de la mise en batterie qui doit être faite dans le plus grand calme.

Le choix de l'allure, hormis, en principe, le cas de la mise en batterie simultanée, doit également être laissé aux capitaines, suivant le terrain dont ils disposent.

III. — Mise en batterie simultanée ou successive des batteries du groupe.

La simultanéité de la mise en batterie du groupe a l'avantage de supprimer des causes de désordre et, en particulier, celles dues au croisement des batteries arrivées les dernières avec les avant-trains des batteries déjà placées. Par contre, tout le groupe peut souffrir du retard imprévu d'une batterie.

Dans certaines circonstances, la mise en batterie par unités successives peut s'imposer. Il en est ainsi notamment si l'une des batteries doit occuper un défilement inférieur à celui de l'homme à cheval par rapport au point dangereux ; il est alors prudent d'attendre que les contre-batteries soient à même d'ouvrir le feu pour détourner l'attention des observateurs ennemis.

La mise en batterie simultanée est, au contraire, la seule possible, en général, si, pour accéder à la position, les batteries n'ont qu'un unique point de passage, par exemple un seul ponceau sur un fossé large et profond, que les avant-trains sont obligés de repasser pour aller se mettre à l'abri.

Le choix du mode de mise en batterie simultanément dans le groupe ou, successivement. par batterie, dépend, comme on le voit, de circonstances très diverses.

Quand la mise en batterie doit être simultanée ou lorsqu'une des batteries doit arriver après les autres, le chef d'escadron en avertit les capitaines.

Sauf ordre contraire, les batteries occupent successivement la position dès que les capitaines leur en donnent l'ordre.

Lorsque la mise en batterie doit être simultanée, les capitaines en font prévenir leur lieutenant par leur maréchal des logis chef. Dans ce cas, le groupe des voitures reste sous les ordres du lieutenant le plus ancien qui, avant de gagner la position, met, s'il y a lieu, les batteries en mesure de pouvoir occuper sans croisement leurs emplacements de batterie.

Lorsque la mise en batterie peut être successive, chaque capitaine fait venir sa batterie dès qu'il est prêt, soit en lui en envoyant l'ordre par le maréchal des logis chef, soit par un simple geste, le maréchal des logis chef se portant simplement à la rencontre du lieutenant pour lui transmettre les renseignements complémentaires. Le geste du capitaine peut être celui de « en batterie », suivi de l'indication de l'allure. L'avantage de ce dernier mode de transmission est de faire gagner du temps, à condition que les lieutenants, dès leur arrivée aux abords de la position, aient constamment les yeux sur leur capitaine, quitte à se détacher des voitures et à utiliser la jumelle.

Si, la reconnaissance étant terminée, les batteries sont encore loin, les maréchaux des logis chefs vont les rejoindre sans toutefois se porter en principe à plus de 200 ou 300 mètres au delà du jalonneur qui doit indiquer au lieutenant le plus ancien l'emplacement d'arrêt éventuel des batteries. Cela suffit amplement à la transmission des renseignements complémentaires en temps opportun.

Pour rendre plus facile la tâche des lieutenants en leur permettant de distinguer de loin leurs emplacements, il est bon de munir chaque jalon d'un fanion de couleur différente suivant la batterie. Les couleurs à adopter peuvent être le bleu pour la 1re batterie du groupe, le blanc pour la 2e et le rouge pour la 3e.

Grâce à toutes ces précautions, prises au cours de la reconnaissance, la mise en batterie du groupe se fait avec ordre, calme et silence. Aussitôt la pièce directrice orientée, — et cette orientation est instantanée, grâce à l'emploi de jalons — chaque lieutenant forme le faisceau. La batterie étant prête, le capitaine ouvre le feu, attend ou se met en surveillance suivant les ordres qu'il a reçus du commandant de groupe.

Les maréchaux des logis chefs emploient naturellement, pour emmener les avant-trains, l'allure de la mise en batterie, car les raisons de cette allure sont évidemment les mêmes dans les deux cas.

IV. — DISPOSITIONS A PRENDRE POUR L'OUVERTURE ET LA DIRECTION DES FEUX.

Lorsque les buts existent au moment de la mise en batterie, chaque unité peut généralement ouvrir le feu dès qu'elle est prête. Parfois, cependant, certaines unités doivent attendre que leurs voisines soient elles-mêmes en mesure d'ouvrir le feu. On en a vu un exemple dans l'application n° 2 du 10e exercice. Il appartient alors au chef d'escadron de le prescrire.

La direction des feux peut se faire soit au moyen d'un ou plusieurs repères, soit en donnant à deux batteries une mission ou un secteur, soit en prescrivant un ordre d'ouverture du feu, le chef d'escadron intervenant au besoin avec la 3e batterie. Ce sont là des questions qui intéressent plutôt le tir de groupe que la manœuvre appliquée ; traitées en détail dans la *Pratique du tir*, elles ne sont mentionnées ici que pour mémoire.

Il est bon, cependant, d'appeler l'attention sur la nécessité de prendre des mesures pour activer la direction des feux dans les tirs du temps de paix quand le chef d'escadron est éloigné des capitaines. Avec le système des missions ou des zones, le tir sur un objectif devrait pour ainsi dire être instantané, et il le serait généralement en temps de guerre. En temps de paix, la difficulté provient de ce que les objectifs ne sont pas animés, mais on pourrait y obvier en détachant auprès de chaque capitaine un représentant du service du parc chargé de vivifier les objectifs suivant des instructions précises du directeur de la manœuvre.

Dans tous les cas, lorsque les observatoires du groupe et des batteries sont très éloignés, il est avantageux pour la bonne direction des feux, que le commandant échange avec les capitaines des croquis perspectifs du terrain vu des observatoires respectifs.

L'exécution du tir, traitée en détail dans la *Pratique du tir*, est mentionnée ici seulement pour mémoire.

V. — Mesures a prendre par le groupe des échelons lors de la mise en batterie.

Le groupe des échelons a été séparé comme il a été dit au 5e exercice, et son commandant a pris ses dispositions pour suivre le groupe des batteries de tir à des distances variables, mais toujours inférieures à 500 mètres.

Lorsque le commandant du groupe des échelons constate l'arrêt des batteries ou en est avisé par ses éclaireurs, il arrête les échelons et reconnaît un emplacement pour les abriter éventuellement si le groupe des batteries de tir se met en batterie.

A) *Choix de l'emplacement des échelons.*

Cet emplacement doit satisfaire à des conditions multiples.

Tout d'abord, il faut que le ravitaillement des batteries, par échange d'arrière-trains de caisson, puisse s'effectuer rapidement à première demande des batteries et même autant que possible à un simple signal.

Les échelons ne doivent donc être ni trop loin des batteries, ni en être séparés par un terrain impraticable ou par un défilé exposé à être obstrué. Ils doivent en outre être défilés des vues de l'ennemi, sous peine d'être rapidement désorganisés.

Au point de vue de la facilité et de la rapidité du ravitaillement il est évident qu'il y aurait intérêt à placer les échelons le plus près possible des batteries, mais il ne faut pas qu'ils soient trop exposés aux coups destinés à ces dernières. Les artilleries étrangères procédant généralement dans leur réglage par bonds de 400 mètres, il est prudent de maintenir les échelons à plus de 400 mètres des batteries. Une distance de 500 mètres serait, par suite, suffisante pour la sécurité des échelons, mais, pour permettre un choix plus grand des emplacements en raison des conditions multiples auxquels ils doivent satisfaire, le Règlement autorise un maximum de 1.000 mètres.

Au delà de cette limite le ravitaillement serait lent et les communications avec les batteries mal assurées.

Au point de vue de la facilité de la circulation, il ne faut pas considérer un fossé ordinaire comme un obstacle, s'il suffit de quelques coups de pioche pour en rendre le franchissement très commode sur plusieurs points. Une haie serait de même facilement et rapidement détruite en plusieurs endroits. Au contraire, une rivière sans gué, un remblai de chemin de fer ne doivent jamais être laissés entre les échelons et les batteries. Une route elle-même peut être gênante si elle est parcourue par d'autres troupes au moment où un envoi de caissons de ravitaillement serait nécessaire. Si, toutefois, l'on est obligé de subir cet inconvénient, on s'efforce, le cas échéant, de glisser les caissons à envoyer dans les vides laissés par les troupes amies, en en demandant, au préalable, l'autorisation aux chefs des unités intéressées.

Enfin, il est désirable pour la commodité et la rapidité du ravitaillement, qu'il soit possible d'installer dans le voisinage de chaque échelon un signaleur chargé de guetter les signaux éventuels du brigadier agent de l'échelon qui stationne près de la batterie de tir. L'emploi de signaux peut éviter les déplacements de ce brigadier pour demander des munitions. Ces signaux seront indiqués dans un exercice ultérieur.

Comme on le voit, le ravitaillement des batteries par leur échelon se fait comme si chaque batterie était isolée, c'est-à-dire sans l'intervention du commandant du groupe des échelons. Il faut qu'il en soit ainsi, les batteries n'ayant pas, au même moment, les mêmes besoins en munitions, matériel et personnel de remplacement. Au contraire, le ravitaillement des échelons se fait avec ensemble par une section de munitions désignée à cet effet, comme on le verra plus loin.

Les conditions qui précèdent sont à observer coûte que coûte, mais il en est d'autres qu'il est bon de rechercher, quitte à placer les échelons à plus de 500 mètres des batteries. Elles sont relatives à la protection contre les coups de l'ennemi et contre les entreprises de la cavalerie.

Contre les coups, l'occupation du pied des pentes abruptes, des talus, des masques épais et touffus est évidemment tout indiquée. Lorsque aucun emplacement ne satisfait à cette condition, le commandant des échelons fait reconnaître un second emplacement qu'il irait occuper éventuellement s'il se voyait découvert par un aéroplane ennemi. Dans tous les cas, la formation la moins vulnérable s'impose.

Contre les entreprises de la cavalerie, il est avantageux de placer les attelages face à une zone inaccessible aux cavaliers en tournant en même

temps le matériel du côté le plus exposé aux attaques. Un grand mur, un taillis impénétrable, un
talus ou un fossé infranchissables permettent
ainsi d'assurer, dans de bonnes conditions, la
défense des échelons.

B) *Formations à prendre par les échelons.*

Les formations à prendre dépendent des dimen-
sions de l'emplacement choisi, de la nécessité
d'opérer le ravitaillement des échelons par la section de munitions chargée de ravitailler le groupe,
et enfin des dispositions qu'il faudrait pouvoir
prendre très rapidement au cas d'une attaque ino-
pinée de cavalerie.

Le ravitaillement des échelons se faisant par
une unité administrative autre que la batterie ne
peut s'opérer par échange de caissons. Il faut
transborder les munitions des caissons de la section de munitions dans ceux des échelons, et
pour cela il faut que les caissons pleins puissent
facilement s'accoler aux caissons vides. Dans toutes les formations, les caissons doivent donc toujours disposer d'un intervalle suffisant pour permettre cet accolement.

Au contraire, en cas d'attaque de cavalerie, le
matériel doit être serré le plus possible, pour
ainsi dire, moyeux contre moyeux.

Il faut que la formation prise pour le ravitaillement se prête à ce resserrement rapide des intervalles.

Au point de vue de la place occupée, il est clair
que la formation en bataille des échelons est celle
qui présente le plus grand front et la moindre

profondeur et que la formation en colonne est la plus étroite mais la plus profonde, la ligne de colonnes étant intermédiaire entre les deux précédentes.

La formation suivante est très compacte :

A un intervalle très restreint, et de part et d'autre d'une file formée par le chariot de batterie et la forge, on place une file de trois caissons.

Le front de chaque échelon se réduit ainsi à une dizaine de mètres et sa profondeur à moins de 50 mètres. En admettant 10 mètres d'intervalle d'un échelon au voisin, l'ensemble des échelons peut trouver place dans un carré de 50 mètres de côté.

Ces diverses données suffisent pour permettre au commandant de l'échelon de prendre la formation convenable. Une application en sera faite ultérieurément.

C) *Mesures à prendre après l'occupation des emplacements.*

Dès l'arrivée sur les emplacements, le chef de chaque échelon envoie à sa batterie le brigadier agent de l'échelon. Le commandant du groupe des échelons envoie également au chef d'escadron l'agent des échelons. Il charge ce dernier de s'assurer, avant de partir, que les 3 brigadiers agents d'échelon ont bien été envoyés à leur batterie. Il fait ensuite prendre les mesures de sécurité et améliorer les débouchés s'il y a lieu.

Chaque échelon dispose, pour sa défense rapprochée, de 8 servants, de quelques ouvriers et conducteurs non montés. Ce personnel est placé, dans le voisinage immédiat des voitures, sur les points du terrain d'où il pourrait faire, le cas échéant, l'usage le plus avantageux de ses armes, et des côtés les plus menacés. D'autre part, les conducteurs montés reçoivent toutes les indications utiles au sujet de la manœuvre qu'ils auraient à faire au cas d'une attaque de cavalerie.

Enfin, pour ménager au personnel le temps qui lui est nécessaire pour occuper son poste en cas d'attaque, le commandant des échelons place des guetteurs dans les directions dangereuses et à des distances variables suivant le terrain.

L'application ci-après achèvera de fixer les idées sur les mesures à prendre par les échelons lorsque les batteries de tir sont établies sur une position.

Application.

Les batteries occupent les emplacements 1, 2 et 3 (*fig.* 36). Les emplacements possibles pour les groupes des échelons sont compris entre les cercles C_1, C_2, de rayons respectivement égaux à 500 et 1.000 mètres et dont le centre est confondu avec celui des batteries de tir.

Dans cette zone se trouvent un château entouré d'un grand mur de parc de 3 mètres de haut et des bois B_1, B_2, B_3, épais et très élevés (grands arbres de 20 à 25 mètres).

Contre le mur de parc *ab*, il faudrait, pour bien abriter les attelages, placer les voitures en colonne par pièce. Le mur n'ayant, en effet, que 3 mètres de hauteur, tout personnel de $1^m,60$ ou $1^m,70$ de haut, placé à plus de $2^m,50$ environ de ce mur, est

vulnérable aux coups arrivant sous 30 degrés. On
ne pourrait, en tout cas, abriter deux files de voitures, surtout avec des intervalles suffisants pour

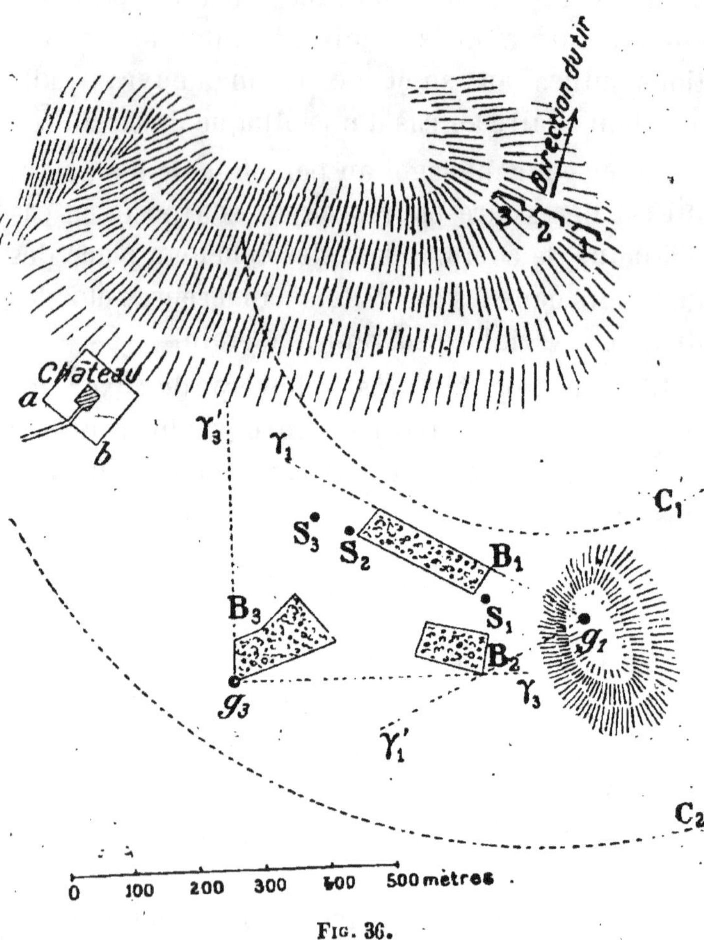

Fig. 36.

l'accolement des caissons de ravitaillement. Enfin,
la longueur *ab* n'étant que de 100 mètres, on ne
pourrait y loger les trois échelons.

Sans doute, si le mur du parc était le seul abri
possible, on l'utiliserait pour abriter les voitures
que l'on pourrait, mais, sur le terrain considéré,
il en est d'autres plus avantageux, notamment le

bois B_1. Ce bois est assez haut pour abriter les attelages, même placés perpendiculairement à sa lisière sud. Son front étendu permet de former les trois échelons en bataille avec des intervalles suffisants pour le ravitaillement des caissons. En plaçant les voitures comme il est dit un peu plus loin, on peut obtenir une formation qui permet de prendre rapidement d'excellentes dispositions contre une charge éventuelle de cavalerie. Enfin, l'existence des bois voisins B_2 et B_3, impénétrables aux cavaliers, est très favorable à l'organisation de la défense des échelons.

Pas plus d'ailleurs que le mur du parc, le bois B_1 n'est séparé des batteries de tir par un défilé ou par un terrain de parcours difficile. Les signaleurs S_1, S_2, S_3 peuvent voir le brigadier agent de leur échelon et en être vus. Les hommes armés du mousqueton sont placés, partie à la corne sud-est du bois B_1 pour battre le passage entre B_1 et B_2, partie à la corne sud-ouest du bois B_1, pour battre le passage entre les bois B_2 et B_3, B_1 et B_3.

Les guetteurs g_1 et g_3 surveillent tous les environs : tout ce qui se dirigerait sur les lignes $g_3 \gamma_3$, $g_3 \gamma'_3$ n'échapperait pas aux vues du guetteur g_3, et tout ce qui marcherait sur $g_1 \gamma_1$, $g_1 \gamma'_1$ n'échapperait pas au guetteur g_1.

Les trois échelons ayant leurs voitures disposées de la même façon, il suffit d'indiquer, sur la figure 37, comment est formé l'un de ces échelons.

On voit que les intervalles permettent encore l'accolement des caissons de la section de munitions chargée de ravitailler le groupe, et cependant ils sont assez restreints pour permettre un resserrement rapide des voitures, les unes vers la gauche, les autres vers la droite, en avançant de façon à former un bloc avec le chariot de batterie et la forge. D'ailleurs, si l'attaque se produisait

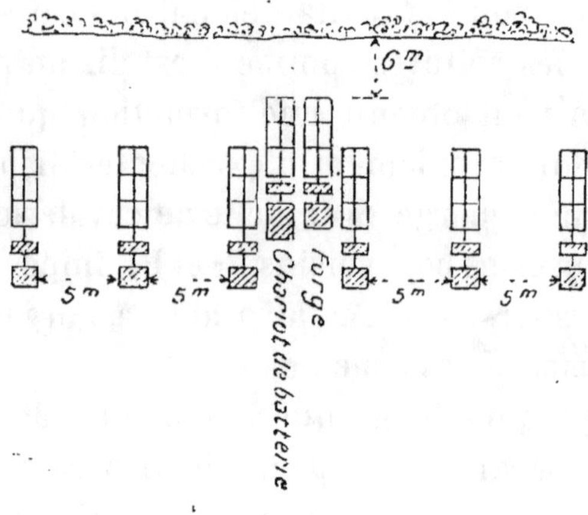

FIG. 37.

pendant la présence des caissons de la section de munitions, le resserrement n'en serait que plus rapide et plus facile.

Les caissons de ravitaillement arrivent par l'arrière, sont accolés aux caissons vides et, une fois le transbordement terminé, ils s'en vont par la rue ménagée entre le front des voitures et le bois. Les conducteurs montés sont prévenus de la manœuvre qu'ils auraient à faire au cas d'une charge de cavalerie : les gradés s'assurent qu'ils ont bien compris.

En cas d'attaque, le chariot de batterie et la forge se portent en avant jusqu'au bois en serrant moyeu contre moyeu ; les deux caissons qui les encadrent en font autant ; les autres caissons tournent immédiatement du côté convenable, puis se redressent en serrant le plus possible contre les voitures déjà placées. Après une alerte, les caissons de droite tournent à droite et vont reprendre leurs places de ravitaillement; les caissons de gauche en font autant par la gauche.

———

12e EXERCICE [1].

Opérations diverses pendant le combat.

Service de sécurité. — Préparation des changements de position. — Eclaireurs d'objectifs. — Ravitaillement en munitions, en matériel et en personnel.

I. — SERVICE DE SÉCURITÉ DES BATTERIES EN POSITION.

Comme pendant la marche d'approche, la sécurité de l'artillerie en position résulte surtout de la présence des autres armes dans son voisinage. Parfois, cependant, le commandant de l'artillerie fait fournir aux batteries un *soutien spécial* dont le chef prend toutes les dispositions utiles à l'accomplissement de sa mission.

Dans tous les cas, dès qu'il occupe une position, le commandant de groupe envoie un ou deux éclaireurs ou le lieutenant-adjoint reconnaître les troupes voisines. Si ces troupes constituent un soutien spécial, le chef d'escadron, qui en est averti,

---

(1) *Règlement de manœuvre :*
Titre IV, n° 139.
Titre V, n°ˢ 75, 76, 81, 82, 83, 88, 91, 92, 93, 94.
Titre VI, n°ˢ 48, 76.
Titre VII, n° 69.
Cet exercice intéresse tantôt seulement le personnel de reconnaissance du groupe, tantôt ce personnel et celui des batteries. Il comprend des séances en chambre, sur le terrain de manœuvre et à l'extérieur. Dans certaines séances à l'extérieur, il conviendra de faire représenter la section de munitions.

établit une liaison avec le chef de ce soutien ; dans le cas contraire, après avoir fait son compte rendu, l'éclaireur doit continuer à observer tous les mouvements de troupes qui se produisent dans les environs des batteries, de façon que le commandant de groupe en soit toujours au courant.

En plus de la sécurité procurée par l'infanterie ou la cavalerie, un service de sécurité immédiate est organisé dans le groupe. Ce service a le même rôle en station que pendant la marche d'approche : il est chargé de prévenir à temps les batteries d'une attaque rapprochée. Il consiste à installer des guetteurs sur les points offrant, dans le voisinage des batteries, des vues étendues jusqu'à au moins un kilomètre. Souvent un seul de ces observatoires suffit, mais parfois il faut en organiser plusieurs. Chaque observatoire est généralement occupé par une patrouille de deux éclaireurs : l'un, fixe, observe ; l'autre, mobile, renseigne. Le chef du service de sécurité doit être en communication facile à la vue avec le cavalier mobile de chaque patrouille.

Les renseignements sont transmis de la même façon que pendant la marche d'approche (3e exercice).

Le service de sécurité dont il vient d'être question, concerne les batteries de tir ; il est distinct de celui qui est organisé par le commandant des échelons.

Quant aux avant-trains, s'ils ne sont pas réunis aux échelons, ils sont tenus prêts à serrer sans intervalle si une attaque de cavalerie est annoncée par des guetteurs placés à cet effet par les maréchaux des logis chefs. Lorsque les avant-trains des trois batteries sont réunis, le plus ancien des maréchaux des logis chefs en prend le commandement et organise un service de sécurité commun. En outre, et dans un autre ordre d'idées, un brigadier par batterie est chargé de guetter le geste « en bataille » du capitaine, pour prévenir du moment où il faut amener les avant-trains.

Indépendamment du service de sécurité immédiate, le commandant de groupe organise un service de surveillance du champ de bataille dans la zone qui l'intéresse. Il peut, à cet effet, soit partager en secteurs la zone à surveiller d'après le nombre d'éclaireurs dont il dispose, soit, souvent mieux, répartir entre ces éclaireurs les positions possibles pour l'artillerie ennemie, ainsi que les parties intéressantes du terrain.

Dans tous les cas, les éclaireurs affectés à la surveillance du champ de bataille doivent être à proximité du chef d'escadron, de façon à communiquer avec lui, autant que possible, à la voix.

II. — Préparation des changements de position.

Les changements de position sont évidemment possibles dans toutes les directions, mais ils se font plus généralement vers l'avant ou vers l'arrière. Dès que le commandant de groupe a donné ses ordres aux batteries pour l'ouverture du feu, il doit aussitôt se préoccuper des changements éventuels de position. Il fait, en particulier, reconnaître, dès qu'il le peut, par le lieutenant-adjoint ou par des éclaireurs, des itinéraires défilés de certains points pour atteindre les environs de positions déterminées telles que crêtes, bois ou tout autre masque. Lorsque les positions éventuelles sont séparées de la position occupée par des obstacles (ruisseau, rivière, grand fossé de dessèchement, haie épaisse et touffue, etc.), il fait reconnaître en même temps les points de passage favorables. Le lieutenant adjoint et certains éclaireurs bien choisis peuvent en outre être chargés de reconnaître une position éventuelle de batterie. Les résultats de ces reconnaissances peuvent être avantageusement résumés, d'une part, par un croquis perspectif du terrain vu de la crête du couvert ou de la lisière du masque et, d'autre part, par une coupe du terrain dans la zone des emplacements à occuper.

Les figures 38 et 39 donnent un exemple des renseignements à fournir.

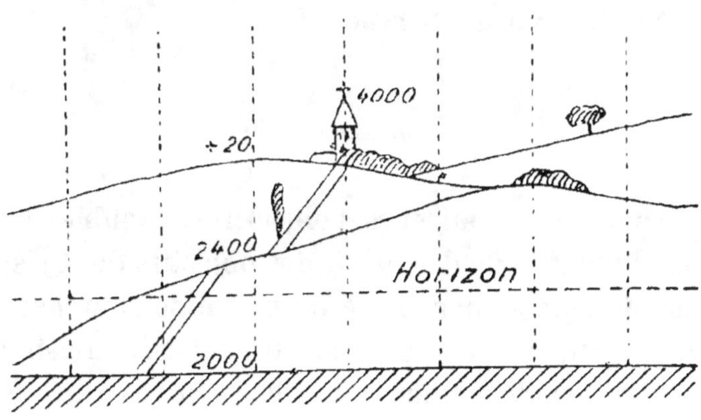

Fig. 38. — Vue prise de tel endroit. Les lignes verticales sont espacées de 100 millièmes. Les distances ont été appréciées à simple vue.

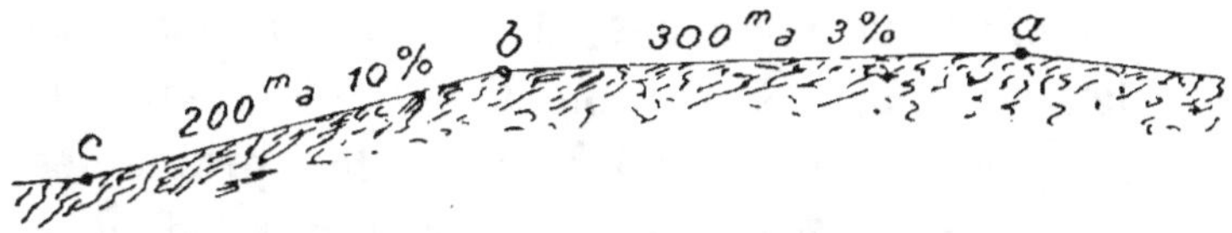

Fig. 39. — Coupe schématique du terrain en arrière de la cote « tant ». a b a une longueur de 300 mètres.

Ces croquis, malgré leur simplicité, sont si complets qu'ils permettent de se faire à l'avance une idée assez exacte de la position et des mesures à prendre pour l'occuper.

Par exemple, pour contrebattre une artillerie qui serait à +20, distance 3.600, on voit que, sur la pente de 3 p. 100, on peut se mettre n'importe où et notamment au défilement des lueurs, ce qui permet d'employer les caissons-observatoires.

On voit également, sur la figure 38, que tout le terrain situé en deçà de 2.000 mètres n'est pas visible de la crête du couvert ou de la lisière du masque.

Pour l'établissement de croquis analogues à celui de la figure 38, les éclaireurs ont tout avantage à se munir des carnets dont il est question dans la *Pratique du tir*, à propos de l'établissement des croquis perspectifs.

III. — ECLAIREURS D'OBJECTIFS.

Le rôle des éclaireurs d'objectifs est double : il a pour but soit de découvrir des objectifs dont rien ne fait soupçonner la présence, soit de chercher à voir si un tir d'arrosage sur un objectif invisible des batteries est efficace ou non, et, le cas échéant, de permettre à ces batteries de resserrer les limites de leur arrosage.

Quand l'artillerie possèdera normalement ses éclaireurs aériens, comme elle possède aujourd'hui ses éclaireurs terrestres, les problèmes posés aux éclaireurs d'objectifs seront faciles à résoudre, en général, alors qu'ils sont très ardus et parfois insolubles actuellement, même avec des éclaireurs bien exercés. Cependant, les éclaireurs terrestres peuvent, dans certains cas, rendre de tels services qu'il est indiqué, en attendant mieux, d'en essayer tout au moins l'emploi.

Souvent à la guerre, et surtout au début du combat, il faudra contrebattre de l'artillerie dont on ne connaîtra l'existence que par les projectiles qu'on en recevra.

Comment remplira-t-on dès lors cette mission, si on ignore derrière quelle crête ou quel masque peut se trouver le but à battre ? L'arrosage, sur une profondeur assez grande, du terrain en arrière de toutes les crêtes ou masques qu'on a devant soi, n'est, à la rigueur, admissible que si le doute ne porte que sur deux positions au plus.

Dans le cas contraire, et même toujours, il conviendra de chercher à découvrir, par tous les moyens possibles, la position réellement occupée par l'artillerie ennemie. Un de ces moyens consiste à envoyer, en avant et assez loin latéralement, un ou deux éclaireurs qui pourront, parfois, en occupant les points plus élevés du terrain, en montant dans certains clochers ou sur certains arbres, rapporter le renseignement précieux qui leur est demandé. Il ne faut pas, d'ailleurs, envoyer un éclaireur sans avoir au préalable consulté la carte et examiné le terrain. Très souvent, en effet, avec un peu de coup d'œil et d'habitude, on peut prévoir que l'éclaireur ne pourrait, où qu'il aille, remplir sa mission. Parfois, au contraire, on peut espérer qu'il y réussira en l'envoyant d'un côté plutôt que de l'autre. Ce n'est que lorsqu'on a des doutes sur le côté le plus favorable à la découverte des objectifs, qu'il convient d'envoyer deux éclaireurs, chacun d'un côté où la réussite de la mission paraît possible.

Les batteries les plus faciles à découvrir sont, en général, celles qui occupent des positions de caponnières, mais les autres peuvent se trahir par des observatoires mal choisis ou mal dissimulés aux vues d'écharpe.

Les éclaireurs d'objectifs doivent être dressés pratiquement à la connaissance de ces indices, en profitant des manœuvres exécutées avec matériel par des batteries étrangères au groupe.

Indépendamment de ces éclaireurs *mobiles*, on a parfois intérêt à installer dans un observatoire un éclaireur *fixe*, relié téléphoniquement à l'observatoire du groupe et dont la mission est de signaler les objectifs apparaissant dans certaines zones invisibles du poste du chef d'escadron.

Remarque. — On voit que si tous les services précédents étaient appelés à fonctionner *simultanément* et au complet, le personnel des éclaireurs serait insuffisant. On peut, en effet, compter, en moyenne, pour le service de sécurité 5 éclaireurs, pour la surveillance du champ de bataille 2 éclaireurs, pour la préparation des changements de position 2 éclaireurs, et il faudrait encore au moins 1 éclaireur d'objectif, fixe ou mobile.

Si l'on suppose le lieutenant adjoint affecté d'autre part à la liaison directe avec une troupe d'infanterie, on voit que le commandant de groupe est contraint, dans certains cas, d'employer successivement les mêmes éclaireurs à plusieurs missions. Il convient, il est vrai, d'observer qu'il est rare d'avoir besoin de 5 éclaireurs pour la sécurité immédiate des batteries en position.

IV. — Exécution du ravitaillement en munitions.

Lorsque la position a été occupée, les agents du ravitaillement sont placés comme il suit :

Dans le voisinage du commandant stationne l'agent des échelons et, à proximité de chaque capitaine, le brigadier agent de l'échelon, qui est, autant que possible, en liaison à vue avec le guetteur de son échelon (11e exercice, page 180).

Aussitôt que des cartouches ont été tirées, elles sont remplacées à la première interruption du feu, par des cartouches prises dans les caissons de premier ravitaillement. Conformément à l'esprit du règlement (nos 92 et 76), il ne faut pas hésiter à faire venir deux caissons de l'échelon pour remplacer les arrière-trains de caissons de premier ravitaillement si, au moment de la première interruption du feu, on y a puisé un peu sérieusement. L'attente ne serait justifiée que si la consommation en munitions avait été très faible, une trentaine de coups par exemple. Généralement la consommation aura été beaucoup plus grande. Ainsi, après un seul tir contre une artillerie masquée derrière une crête, on aura tiré 4 ou 5 salves de réglage, 4 ou 5 rafales par deux à obus à balles et environ 150 obus explosifs par 100 mètres de front à battre soit, à peu près, tout le chargement des 4 premiers caissons de la batterie de tir.

Si l'on passait en revue de la même façon les divers genres de tir possibles, on verrait que bien rares seraient les cas où, dès la première interruption du feu, il ne serait pas utile de remplacer les caissons de premier ravitaillement. Il faut même craindre de voir parfois le ravitaillement s'imposer avant qu'une interruption justifiée du feu ne se soit produite.

En supposant que les caissons de premier ravitaillement soient des caissons à chargement mixte, on peut se demander par quels caissons il faut les remplacer dans l'hypothèse où les 6 caissons de l'échelon ont un chargement homogène, les uns en obus à balles, les autres en obus explosifs. La réponse à cette question ne paraît pas douteuse : il faut faire venir les caissons nécessaires pour remettre l'approvisionnement de la batterie de tir dans le même état, ou à peu près, qu'avant l'ouverture du feu. S'il faut, pour cela, demander à l'échelon un caisson d'obus à balles et un caisson d'obus explosifs, le brigadier agent de l'échelon fait le geste « correcteur », suivi du geste « tir à obus explosifs ». Le guetteur de l'échelon répète d'abord les gestes du brigadier puis, ayant reçu confirmation de l'exacte transmission par le geste « compris » de l'alphabet Morse, il transmet la demande au chef de l'échelon. Celui-ci envoie à la batterie les deux caissons demandés sous la conduite d'un gradé qui les amène, en principe, à côté des caissons de premier ravitaillement.

Les trains des caissons pleins sont alors séparés ; les arrière-trains sont laissés à la batterie en échange des arrière-trains de caissons de premier ravitaillement qui, vidés en totalité ou en partie, sont emmenés à l'échelon par les avant-trains pleins (1). Toutefois, si le caisson-observatoire est occupé, il est ravitaillé par transbordement et non par échange d'arrière-trains; s'il est même exceptionnellement en avant du front et en un point où le caisson de l'échelon ne pourrait accéder sans être vu des points dangereux, il n'est pas ravitaillé. Le caisson de l'échelon se place à l'aile de la batterie qui est dépourvue de caisson de premier ravitaillement; les trains y sont séparés et l'avant-train rejoint, non pas l'échelon, mais les avant-trains de la batterie. D'ailleurs, le gradé chargé de conduire les caissons de ravitaillement doit toujours prendre les précautions nécessaires afin de ne pas déceler la présence de la batterie de tir en la ravitaillant. Il exécute au besoin une partie du mouvement pied à terre. L'allure employée est, en principe, celle du trot; mais, si le terrain est poussiéreux, il faut éviter de trotter, surtout dans le voisinage des pièces.

Le chef de l'échelon fait recharger les caissons vides, dès leur arrivée, en prélevant, s'il y a lieu, les cartouches nécessaires dans les avant-trains, ceux des canons étant vidés les derniers. Dans la suite, lorsqu'il reçoit des caissons vides au moment où il dispose de caissons pleins venus de *la section de munitions* chargée de ravitailler le groupe, c'est

---

(1) Lorsque les caissons de premier ravitaillement ont été remplacés par des arrière-trains à chargement homogène, l'un en obus à balles, l'autre en obus explosifs, les servants opèrent forcément le ravitaillement d'une façon un peu différente de celle qui est prévue par le Règlement.

d'abord dans ces caissons qu'il fait puiser les cartouches.

Mais comment la section de munitions a-t-elle été mise en relations avec le groupe? Les renseignements ci-après sur le ravitaillement en général vont le faire connaître.

En arrière des régiments d'artillerie se trouve le *parc d'artillerie de corps d'armée*, commandé par un colonel ou un lieutenant-colonel, et comprenant *trois échelons* commandés chacun par un chef d'escadron.

Les *deux premiers échelons* sont identiques; ils se composent d'un certain nombre de *sections de munitions d'artillerie* et de *sections de munitions d'infanterie*. Ces sections sont pourvues de caissons pouvant aller aux allures vives en terrain varié. Le *troisième échelon* comprend des *sections de parc* et une *section de parc mixte*.

Dans les sections de parc, les munitions sont dans des caisses, sur des chariots de parc. La section mixte comprend des objets de rechange et 4 *canons de 75 de rechange*.

Le *premier échelon du parc de corps d'armée* marche, en principe, en tête du train de combat du corps d'armée, si le corps d'armée marche en une seule colonne.

Dès que le combat s'engage, l'échelon le plus avancé (premier échelon, s'il n'y avait qu'une seule colonne) est placé, en général, à un nœud de routes appelé *point de dislocation*. C'est de là que le commandant du premier échelon du parc fait rayonner les sections de munitions vers les points du champ de bataille où elles sont nécessaires. Ce point est à *au moins* 5 *kilomètres* en arrière de la ligne de bataille.

Les sections de munitions y forment le parc en pleins champs en se ménageant des débouchés.

Le commandant du premier échelon reçoit d'ailleurs du commandant du parc de corps d'armée l'indication des corps à ravitailler.

En général, les sections de munitions d'artillerie ne sont pas fractionnées. Lorsqu'une section de munitions reçoit l'ordre de ravitailler un ou plusieurs groupes, son chef se renseigne sur les emplacements des échelons de ces groupes et conduit son unité à 1.000 ou 1.500 mètres en arrière de ces emplacements. Il établit les liaisons réglementaires avec les groupes à ravitailler. Ces liaisons comprennent, pour chacun de ces derniers, un sous-officier et un brigadier. Ces gradés se tiennent auprès du commandant du groupe des échelons.

Comme on le voit, c'est à l'élément qui est en arrière qu'incombe le devoir de se lier à l'élément qui est en avant. Cette règle est générale. Elle est observée, en particulier, par les échelons à l'égard des batteries : ce sont, en effet, ces dernières qui reçoivent les agents de liaison des échelons dès la mise en batterie. De cette façon, personne n'a à « regarder en arrière ».

La section de munitions envoie deux agents de liaison au commandant des échelons afin que, dans le cas exceptionnel où une batterie serait détachée momentanément du groupe, elle puisse s'approvisionner directement. Mais, en principe, les batteries étant réunies, elles se ravitaillent en passant par l'intermédiaire du commandant des échelons.

Dès qu'un chef d'échelon a envoyé deux caissons à sa batterie, il en avise le commandant des échelons en lui adressant un bon de munitions. Ce bon peut être établi dans une forme quelconque sur un papier quelconque, car, sur le champ de bataille, les formes administratives doivent céder devant la nécessité d'aller vite. Cependant la rédaction doit être très claire. En voici un exemple :

Tel régiment. — Tel groupe. — Telle batterie.
Bon pour *tant de cartouches de 75 à obus à balles et tant de cartouches de 75 à obus explosifs.* (Date et signature.)

Le commandant du groupe des échelons centralise les demandes des trois échelons et les adresse à la section de munitions par l'un de ses deux agents de liaison.

Lorsque les caissons demandés arrivent, le commandant des échelons les répartit suivant les demandes faites.

Chaque chef d'échelon fait placer les caissons pleins à côté des caissons vides et fait transborder les munitions sous le contrôle du maréchal des logis fourrier. On commence par remplir les arrière-trains, puis, s'il y a lieu, les avant-trains.

Si, *tout à fait exceptionnellement,* les trois batteries se séparent les unes des autres, deux d'entre elles reçoivent chacune un des deux agents de la section de munitions, la troisième, désignée par le commandant des échelons, fournissant un gradé destiné à la mettre, comme les autres, en relations directes avec la section de munitions.

Dans tous les cas, le chef d'escadron se fait rendre compte de temps à autre de la situation en munitions des échelons ; il utilise à cet effet l'agent des échelons.

V. — RAVITAILLEMENT EN PERSONNEL.

Pendant les accalmies du combat, les capitaines s'efforcent de reconstituer la batterie de tir au complet. A cet effet, ils envoient le brigadier agent de l'échelon demander à l'échelon le personnel nécessaire. Le chef de l'échelon envoie ce personnel à la batterie sous la conduite d'un gradé. Pour satisfaire aux demandes de chevaux il réduit au strict minimum les attelages de ses propres voitures.

Lorsque les échelons ne peuvent suffire aux demandes des batteries, les hommes et les chevaux de remplacement sont demandés au général commandant l'artillerie du corps d'armée par les colonels des régiments divisionnaires ou de corps. Si la demande doit être satisfaite, la section de munitions envoie le personnel accordé, généralement avec le plus prochain envoi de caissons.

Lorsque ce personnel lui parvient, le commandant des échelons le répartit d'après les demandes antérieures des batteries.

VI. — RAVITAILLEMENT EN MATÉRIEL.

Les voitures des batteries de tir doivent être maintenues en état le plus longtemps possible, même au détriment de toutes les autres voitures.

Les canons doivent toujours être réparés même au détriment du reste du matériel.

Dans les caissons se trouvent la plupart des objets destinés à parer aux incidents de tir. S'il faut recourir aux ressources contenues dans les avant-trains, le capitaine peut y envoyer exceptionnellement un des agents montés dont il dispose.

S'il faut recourir au chargement du chariot de batterie, le brigadier agent de l'échelon va y chercher l'objet demandé.

Si une roue de canon est mise hors de service, elle est provisoirement remplacée par une roue de caisson, en attendant la roue de rechange que le capitaine fait aussitôt demander à l'échelon.

La roue de rechange est envoyée en même temps que des caissons de ravitaillement; elle peut aussi être roulée à la main, si le terrain est favorable et si le ravitaillement en munitions vient d'être fait au moment où parvient la demande de la roue de rechange.

Remarque au sujet du ravitaillement.

Chaque batterie doit pouvoir compter sur les munitions de son échelon. A cet effet, le commandant des échelons s'oppose à toute délivrance de munitions à une unité autre que la batterie à laquelle appartient l'échelon. Il ne fait exception que s'il reçoit à ce sujet un ordre contraire *spécial* du commandant de groupe ou du commandant de l'artillerie.

Même lorsqu'une batterie du groupe paraît devoir manquer de munitions avant l'arrivée des caissons de la section de munitions, le commandant des échelons demande au commandant groupe s'il doit la faire réapprovisionner à un échelon d'une autre batterie; il n'en prend donc pas l'initiative.

APPLICATIONS.

Application nᵒ 1. — Service de sécurité en position.

Les batteries de tir occupent un plateau, en arrière d'un bois B_2 (*fig.* 40) épais et de haute futaie; elles ont à leur gauche un mamelon (1).

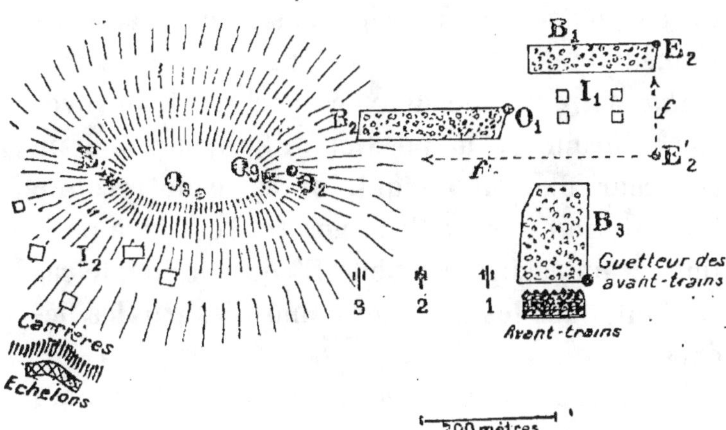

FIG. 40.

L'observatoire du groupe est en O_g, ceux des batteries 2 et 3, en O_2 et O_3, et celui de la batterie 1 en O_1.

Les avant-trains sont en bataille à intervalles serrés contre le bois B_3 : un guetteur assure

---

(1) Sur le mamelon, les batteries n'auraient pu être assez défilées par rapport à l'artillerie ennemie, étant donné qu'elles ont à tirer relativement près et que les pentes sud du mamelon sont assez fortes. Elles n'auraient pu prendre, par rapport à leur but, que le défilement de l'homme à cheval auquel n'aurait correspondu, *par rapport à l'artillerie ennemie,* qu'un défilement inférieur à celui du matériel.

leur sécurité sur la droite et vers l'arrière ; il est relevé de temps en temps.

Les échelons occupent des carrières au sud du mamelon et ont établi leur service de sécurité spécial.

Une troupe d'infanterie amie, I_1, stationne au sud du bois B_1, une autre, I_2, au nord des carrières.

Un éclaireur fixe en E_1, après avoir reconnu l'infanterie I_2, surveille le nord et l'ouest de la position : il communique à la vue avec l'observatoire O_9 où se trouve le chef du service de sécurité immédiate.

Une patrouille de deux éclaireurs est envoyée sur la droite de la position. Elle comprend un éclaireur fixe en E_2 qui, après avoir reconnu l'infanterie I_1, surveille le nord et l'est de la position, et un éclaireur mobile E'_2 qui circule, le cas échéant, dans les directions amorcées par les flèches f.

L'éclaireur E_2 apercevant, à un moment donné, un régiment de cavalerie qui, du nord-est, se dirige vers le bois B_3, appelle aussitôt à lui l'éclaireur E'_2 et lui dicte :

« A 13 h. 30 (*treize* heures *trente*) un régiment de cavalerie venant du nord-est, à une distance de 2 kilomètres, se dirige au trot vers les bois B_1, B_3. »

Ces renseignements sont transmis aux capitaines, aux lieutenants, au chef des avant-trains et au commandant des échelons, afin qu'ils redoublent tous de vigilance.

Il semble inutile de multiplier ici les incidents et de les pousser jusqu'au bout, mais il est bon de

faire en chambre de nombreux exercices de ce
genre avant d'aller sur le terrain.

*Application n° 2. — Préparation des changements
de position.*

Il s'agit de reconnaître des itinéraires, des
débouchés et, éventuellement, de faire un croquis
perspectif des vues possibles d'une position ainsi
qu'une coupe schématique du terrain des emplacements de batteries.

Pour l'exécution de ce croquis et de cette coupe,
il suffit de se reporter à l'exemple de la page 191.

Pour les reconnaissances d'itinéraires et de
débouchés, il convient de faire faire aux éclaireurs
des exercices sur la carte et surtout de nombreux
exercices sur le terrain. Il est inutile de donner
ici un exemple de ces exercices qui sont tout
d'exécution.

Application n° 3. — Emploi d'éclaireurs d'objectifs.

Le chef d'escadron doit contrebattre une artillerie très défilée; ni les lueurs, ni la poussière
n'en sont visibles. Il a devant lui plusieurs crêtes successives ainsi que des bois. Tout en faisant
tirer sur les positions les plus probables d'après
les indices qu'il a pu avoir, il lance un éclaireur
mobile jusqu'à 2 kilomètres latéralement vers une
butte de laquelle on peut espérer des vues très
étendues du côté de l'ennemi.

En attendant les renseignements possibles, le
commandant de groupe peut rechercher la position occupée par les batteries ennemies d'après la
direction des sillons de leurs coups percutants,

d'après les indications fournies par les fusées, d'après la carte et le terrain, etc. Un éclaireur aérien supprimerait évidemment toutes ces difficultés et tous ces aléas.

Dans l'exemple ci-dessus, l'éclaireur d'objectifs est mobile; dans le suivant, il est fixe.

Par hypothèse, le groupe G (*fig.* 41) est chargé

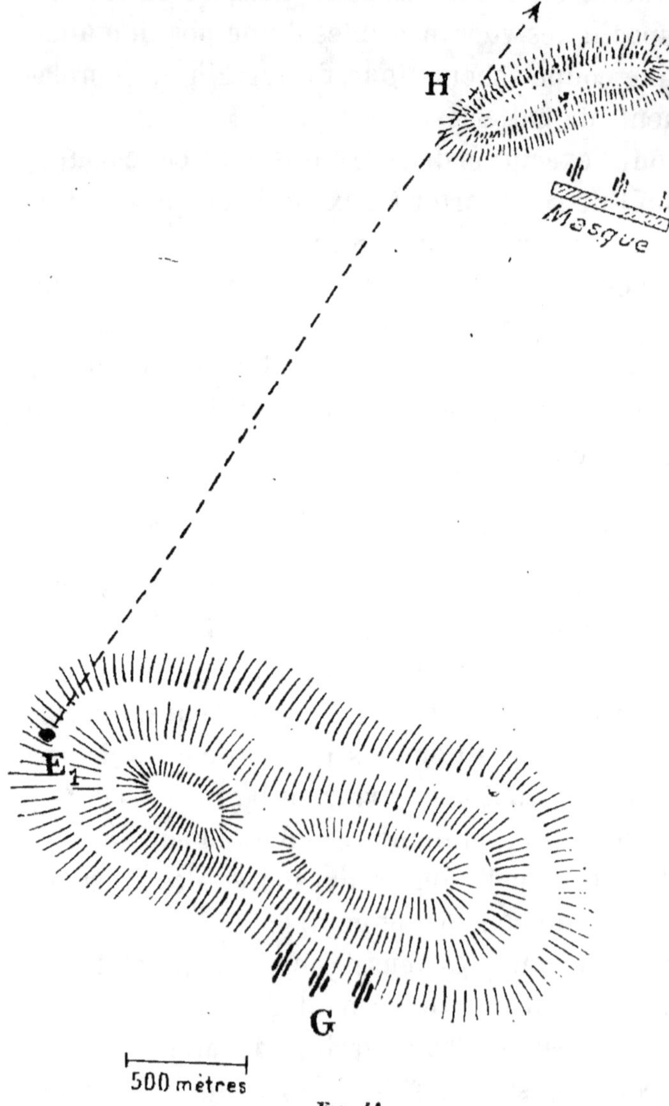

Fig. 41.

de contrebattre une artillerie ennemie visible par ses lueurs en arrière d'un masque, par suite peu élevé.

Les échelles-observatoires sont utilisées par les batteries et par le commandant de groupe. Mais, en arrière de l'artillerie ennemie, se trouve une sorte de butte à pentes très raides, derrière laquelle on craint des rassemblements de troupes destinées à faire irruption du côté de H. Un éclaireur placé en E_1 peut fournir d'utiles renseignements sur ces objectifs éventuels. A cet effet, il est mis en communication téléphonique avec le groupe G.

Il reste d'ailleurs entendu que E_1 doit être en arrière de l'infanterie amie la plus avancée, et même hors de portée très efficace des fusils ennemis.

Application n° 4. — Ravitaillement du groupe en munitions.

Par hypothèse, le groupe est engagé en arrière de la crête C_1 (*fig.* 42); les échelons sont à 600 mètres en arrière, derrière un bois B_1 épais et touffu. Le 1er échelon du parc de corps d'armée est au point de dislocation D, à 5 kilomètres environ en arrière des batteries. Les deux premières batteries ont consommé le contenu de trois caissons à obus explosifs et un caisson à obus à balles ; la 3e batterie n'a pas tiré.

Les échelons des 1re et 2e batteries ont ravitaillé ces dernières et leurs chefs ont demandé, au moyen de bons, au commandant du groupe des échelons les caissons ci-dessus.

Mais les échelons ne sont pas encore en relation avec une section de munitions. Ils ne tarderont

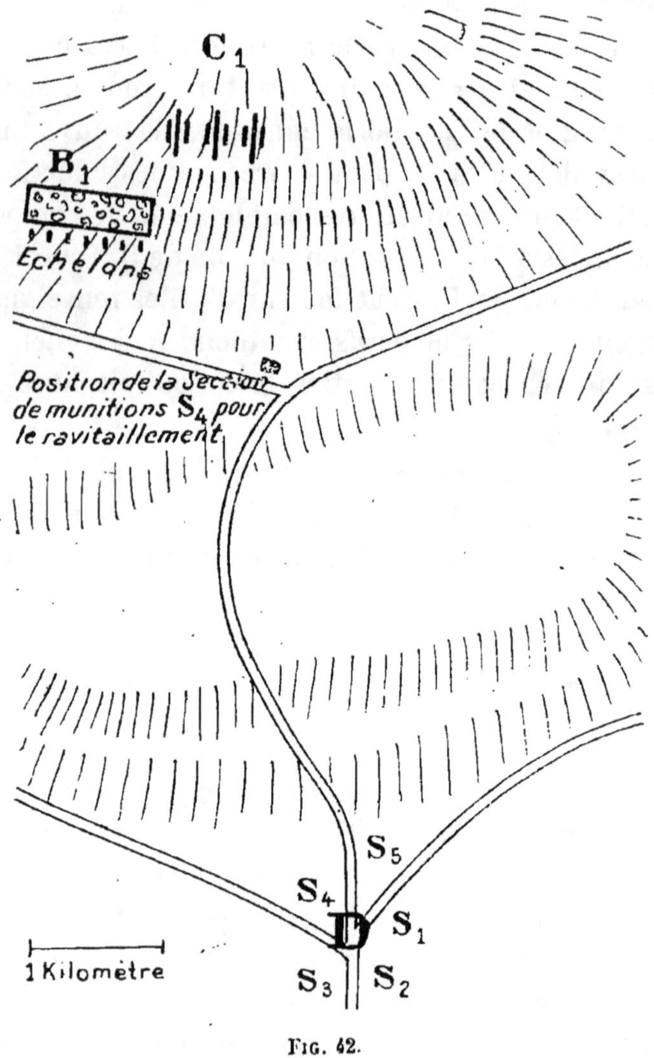

Fig. 42.

pas cependant à l'être, car le général commandant l'artillerie, sachant le groupe engagé, a donné l'ordre au parc de corps d'armée d'affecter une section de munitions au ravitaillement du groupe en batterie en arrière de la crête C_1. Le commandant du 1er échelon, auquel cet ordre est transmis, désigne la section de munitions S_4. Celle-ci envoie aussitôt deux agents de liaison au commandant des échelons du groupe, en position vers la crête C_1 et elle se porte elle-même en arrière de cette crête, à environ 1.500 mètres des batteries. Au moment où les agents de la section rejoignent les échelons, ce ne sont plus trois caissons d'obus explosifs et un d'obus à balles qui ont été dépensés par les deux premières batteries, mais cinq caissons d'obus explosifs et trois d'obus à balles.

Un de ces agents va aussitôt les demander à la section de munitions, qu'il rencontre en position en arrière de la crête C_1, près d'un carrefour.

Les caissons demandés sont répartis, dès leur arrivée aux échelons, suivant les demandes antérieures des batteries et les cartouches sont transbordées dans les caissons vides. Les caissons de la section de munitions, après avoir été vidés, sont renvoyés à leur unité.

13e EXERCICE [1].

**Opérations diverses pendant le combat (*suite*).
Le service de santé dans le groupe sur le champ
de bataille.
Changements de position. — Applications.**

I. — SERVICE DE SANTÉ DANS LE GROUPE SUR LE
CHAMP DE BATAILLE.

Le *personnel* comprend (1er exercice) :

1 médecin, chef du service de santé du groupe ;
1 médecin auxiliaire ;
1 brigadier-infirmier et 1 brigadier-brancardier ;
1 voiture médicale à deux roues, attelée à un
cheval et transportant un approvisionnement
médical.

Et enfin, par batterie, 4 brancardiers et 1 infirmier.

Ce personnel a pour mission de relever les blessés, de leur donner les soins possibles et de les
évacuer en arrière, le cas échéant.

*Le personnel des batteries ne doit, en aucun cas,
être distrait du service des bouches à feu ou des attelages.*

Inversement, le personnel du service de santé, qui

---

(1) *Règlement de manœuvre :*
Titre V, nos 10, 31, 74, 75, 76.
Titre VII, nos 54, 56, 58, 59, 60, 61, 62, 63, 64, 65, 66 et 67.
Cet exercice intéresse le personnel du groupe et le service
de santé régimentaire. Il comprend des séances en chambre
et sur le terrain. Pour les séances où doit figurer le service
de santé, il y a lieu de s'entendre avec le chef du service
médical régimentaire et avec le chef de musique pour les
brancardiers.

est couvert par la Convention de Genève, ne peut jamais être désigné, même momentanément, pour remplacer le personnel manquant dans les batteries de tir.

Le personnel du service de santé marche avec les échelons de combat.

Dès que le groupe des échelons occupe son emplacement de ravitaillement, les 3 infirmiers et les 12 brancardiers des trois batteries rallient la voiture médicale.

Le médecin chef du service répartit le personnel en deux groupes :

Le premier, en principe sous les ordres du médecin auxiliaire, comprend, par exemple, le brigadier brancardier, 1 infirmier et une grande partie des brancardiers munis de brancards, musettes et bidons, et le second groupe, à la disposition du médecin, comprenant le personnel restant, c'est-à-dire, par exemple, le brigadier infirmier, 2 infirmiers et quelques brancardiers.

Le premier groupe est chargé de mettre les blessés à l'abri du feu de l'ennemi. Dans la plupart des cas, on ne peut songer à les transporter d'emblée auprès des échelons; cela prendrait trop de temps. On se borne donc à les transporter à courte distance des batteries, derrière des abris du sol, choisis par le médecin auxiliaire pour la sécurité relative qu'ils présentent et améliorés au besoin par les brancardiers. Les blessés légers se rendent d'ailleurs eux-mêmes sur ces emplacements nommés *refuges pour blessés*.

En principe, il serait naturel d'organiser un ou deux de ces refuges vers le centre du groupe, mais tout dépend des abris offerts par le terrain et du groupement plus ou moins compact des batteries.

Dans les *refuges pour blessés*, le médecin auxiliaire donne les secours de première urgence, en utilisant les paquets individuels de pansement ainsi que le contenu des musettes des brancardiers; les fractures sont immobilisées avec des moyens de fortune.

Dès que les circonstances le permettent, les blessés des refuges sont évacués vers l'arrière en utilisant autant que possible les mouvements des caissons vides et la voiture médicale à deux roues débarrassée de son chargement.

En principe, ils sont dirigés sur le *poste de secours* du groupe organisé par le médecin du groupe au voisinage des échelons, à moins qu'il ne se trouve une ambulance ou une autre formation sanitaire plus rapprochée.

Le poste de secours doit être choisi à l'abri des coups et ne pas gêner les mouvements des caissons destinés à ravitailler les batteries ni ceux des caissons de la section de munitions.

Dans le poste de secours, il est possible de donner aux blessés grièvement atteints des soins plus complets que dans les refuges de blessés qui sont au voisinage trop immédiat de la ligne de feu.

En principe, les blessés à évacuer sont pris au poste de secours par une *unité sanitaire spéciale* appelée le *groupe de brancardiers de la division*.

II. — Changements de position.

A) *Changement de position vers l'avant.*

En principe, le commandant de groupe doit attendre l'ordre de changer de position ; il peut, d'ailleurs, s'il le juge utile, provoquer cet ordre du commandant de l'artillerie. Toutefois, *dans la marche en avant,* si la situation comporte une prompte solution, le commandant de groupe ne doit pas hésiter à changer de position de sa propre initiative. Chargé, par exemple, d'appuyer une attaque qui a manifestement réussi, il doit se porter, sans attendre, sur la position conquise pour appuyer le mouvement en avant.

Dans tous les cas, un changement de position ne doit être entrepris ou ordonné *qu'en vue d'avantages précis,* susceptibles de compenser ses inconvénients. Un changement de position entraîne toujours, en effet, la cessation momentanée du feu et, souvent, des mouvements qui ne sont pas sans péril.

Les *avantages* précis dont il est question plus haut peuvent être de *mieux voir les objectifs,* de *mieux distinguer amis et ennemis, d'obtenir plus de précision contre des obstacles ou du matériel,* ou encore *de prêter un meilleur appui moral à l'infanterie amie,* mais il faut qu'ils soient *sérieux.*

Lorsqu'un changement de position en avant est décidé, la durée de la cessation momentanée du feu doit être réduite au minimum. A cet effet, toutes les opérations sont menées avec la plus grande rapidité.

Le commandant de groupe charge, s'il y a lieu,

le lieutenant adjoint de rallier tout le personnel d'éclaireurs, de jalonner et d'éclairer les batteries. Il place, en principe, celles-ci sous le commandement du plus ancien lieutenant auquel il donne les instructions prévues à propos de toute marche d'approche (2e exercice). Il part ensuite en reconnaissance, avec les capitaines et leurs agents, en suivant l'itinéraire jalonné ou un itinéraire raccourci. Dans le cas où les circonstances le permettent, c'est-à-dire si le mouvement à découvert des batteries est devenu à peu près sans péril, le groupe des batteries peut fort bien recevoir l'ordre de se porter directement sur les abords postérieurs de la nouvelle position.

Quelquefois aussi on peut se borner à faire passer les reconnaissances en terrain découvert, alors que les batteries suivent un itinéraire défilé.

Dans tous les cas, comme après le départ du chef d'escadron, il faut faire cesser le feu, amener les avant-trains, transmettre les ordres, etc. On peut compter que les reconnaissances auront déjà une avance d'une dizaine de minutes, dès le départ. En escomptant un autre gain de temps par l'allongement d'allure, elles pourront le plus souvent terminer leurs opérations pour l'arrivée des batteries, surtout si celles-ci, pour rester défilées aux vues, ont dû suivre un itinéraire un peu plus long.

Même dans les changements de position vers l'avant, le commandant des batteries doit quitter la position par l'arrière, à moins qu'il n'ait reçu l'ordre de se porter directement en avant sans itinéraire jalonné, les reconnaissances étant filées par lui.

En quittant une position par l'arrière, il est d'ailleurs bon de faire reculer le matériel à bras à la rencontre des avant-trains et de faire sortir rapidement les batteries de la partie postérieure du front qu'elles occupaient, de façon que si le mouvement des avant-trains a été éventé, le tir de l'artillerie ennemie soit aussi peu efficace que possible.

Les changements de position s'exécutent généralement par échelons de groupe ou par échelons de batterie. Le groupe peut donc partir simultanément ou non, mais, *dans tous les déplacements en avant*, le commandant de groupe part en reconnaissance dès qu'il a donné ses ordres, sans attendre que les avant-trains aient même commencé leur mouvement. Le moral du personnel ne peut qu'être exalté en voyant ses chefs se porter vivement en avant.

Les agents du téléphone, s'ils ont à replier leurs appareils, arrivent quand ils le peuvent sur la 2e position.

B) *Changements de position vers l'arrière.*

Ces changements de position sont soumis aux mêmes principes, mais l'exécution comporte quelques différences importantes.

Tout d'abord, le retrait de l'artillerie vers l'arrière pouvant influer considérablement sur le moral de l'infanterie amie, il faut hésiter beaucoup plus que dans le cas précédent à changer de position sans un ordre formel du commandant de l'artillerie. Il faut tout au moins provoquer cet ordre si on le croit utile. D'autre part, si la rapidité des opérations doit encore être recherchée pour les mêmes raisons que précédemment, l'abandon de la position doit se faire *sans précipitation*. *En particulier, les batteries se retirent au pas tant qu'elles n'ont pas dépassé les troupes d'infanterie qui se trouvaient immédiatement derrière elles.*

Enfin le commandant de groupe doit attendre, pour partir en reconnaissance, que les batteries du groupe qui partent les premières aient commencé leur marche sur quelques centaines de mètres.

L'abord de la seconde position doit se faire par l'arrière, à moins que le terrain et les troupes qui se trouvent en avant (infanterie et artillerie) ne dissimulent aux vues de l'ennemi le front de la nouvelle position à occuper (par exemple dans le cas où les batteries ont à s'installer sur une contre-pente).

C) *Changements de position latéraux.*

Ces changements de position doivent presque toujours être exécutés, comme l'occupation d'une première position, avec la plus grande discrétion.

Au point de vue des précautions à prendre pour le moral du personnel et celui des troupes voisines, il y a lieu de suivre les mêmes règles que pour les déplacements en arrière. Le personnel et les troupes voisines ignorent, en effet, si le déplacement ne se fait pas vers l'arrière.

APPLICATIONS.

Application nº 1.

Un groupe est chargé d'appuyer l'attaque d'un village situé sur une hauteur. Le village vient d'être enlevé; toute l'infanterie se porte en avant, le groupe resterait inutilement en position; sans attendre l'ordre, son chef le porte en avant. Il devance aussitôt, avec les reconnaissances, les batteries qui ont l'ordre de le filer jusqu'à tel point en marchant directement au besoin à travers champs, sans se préoccuper de suivre un itinéraire défilé. Sur le point de rendez-vous, le chef d'escadron pourra laisser ou envoyer un agent de transmission d'ordres.

Application nº 2.

Le groupe a participé avec ses voisins à une lutte d'artillerie à 4.000 mètres; l'artillerie ennemie ayant eu le dessous, le commandant de l'artillerie juge possible d'affecter une autre mission au groupe considéré; il le charge d'appuyer l'attaque d'un bois situé à 2 kilomètres. Le groupe est trop défilé pour pouvoir tirer de sa place sans écrêter; il pourrait se porter un peu en avant, mais il serait amené à se montrer sur une crête que l'artillerie ennemie a déjà eu l'occasion de prendre sous son feu. De plus, les abords du bois seraient mal vus. Or, il existe, un peu en avant et sur la gauche, un petit mamelon d'où l'on a des vues parfaites sur les abords du bois et d'où le tir d'écharpe sera possible jusqu'au dernier moment de l'assaut.

Les batteries y sont conduites par un itinéraire défilé et reconnu à l'avance. Cet itinéraire est jalonné. Le commandant et les reconnaissances le suivent, de façon à ne pas déceler à l'artillerie ennemie le changement de position. Les reconnaissances n'attendent d'ailleurs pas le départ des batteries pour se mettre en marche à vive allure.

Il serait inutile de multiplier ces applications qui n'ont d'autre but que de présenter des exemples d'exercices à faire faire au tableau, ensuite sur la carte et enfin à l'extérieur, de manière à passer successivement en revue dans de nombreux cas concrets tous les principes à observer dans les changements de position.

14ᵉ EXERCICE [1].

**Le groupe dans les diverses circonstances
du combat. — La liaison des armes.
Opérations de nuit. — Opérations après la bataille.**

La plupart des questions traitées dans cet exercice sont plutôt du domaine de la tactique que de celui de la manœuvre appliquée. Elles ne figurent ici que pour mémoire, afin que, dans la progression proposée, rien de ce qui concerne l'instruction du groupe n'ait été oublié.

I. — Le groupe dans les diverses circonstances du combat.

Les circonstances tactiques et la mission du groupe influent sur le temps à consacrer à la reconnaissance, sur le choix des emplacements et sur les précautions plus ou moins grandes à observer dans l'occupation de la position.

Les exercices précédents, répétés dans les circonstances les plus habituelles de la guerre, achèveront l'instruction du personnel. C'est ainsi que l'on pourra successivement supposer que le groupe est à l'avant-garde ou au gros, qu'il est chargé de contrebattre une artillerie ou d'appuyer directement une attaque ou qu'il effectue un changement de position dans un des buts précis mentionnés au cours du 13ᵉ exercice. Il conviendra

---

(1) *Règlement de manœuvre :*
Titre V, nᵒˢ 24 à 49 et 54.
Titre VII, nᵒˢ 101, 102. — Annexe 1, nᵒˢ 1, 2, 3.

enfin d'envisager le rôle du groupe dans une action défensive.

A l'avant-garde, le groupe isolé pourra, en général, affecter au moins une batterie à l'appui direct de la marche de l'infanterie amie. Les renseignements sur la présence, la force et les positions de l'artillerie ennemie faisant défaut ou étant très vagues, la reconnaissance et, par suite, l'occupation de la position doivent être soigneusement dissimulées. En particulier, le défilement doit être pris par rapport aux points dangereux et être aussi grand que le permet la mission des batteries. Si l'on s'est ménagé une batterie pour appuyer directement l'infanterie, elle sera, autant que possible, au moins défilée de l'homme à cheval, les deux autres étant défilées des lueurs et parfois de la poussière et de la fumée.

Au point de vue de la direction des feux, il y a avantage à observer les principes qui ont été exposés à la page 157.

Lorsque le groupe, marchant au gros, doit renforcer l'artillerie de l'avant-garde, il doit ouvrir le feu par surprise et le conduire avec le maximum de rapidité, de façon à joindre aux effets matériels, l'effet moral.

En conséquence, la reconnaissance et l'occupation de la position doivent être discrètes et le feu n'être ouvert qu'après une complète préparation du tir. Le commandant de groupe pourra disposer du temps nécessaire, s'il est appelé assez tôt avec le personnel complet de reconnaissance. D'ailleurs, dans le but de réduire les pertes et de retarder l'efficacité d'une riposte de l'ennemi, il convient de choisir des emplacements aussi échelonnés que possible, par rapport au front déjà occupé par les premières batteries, front sur lequel l'artillerie ennemie a pu déjà régler son tir.

Enfin, pour éviter de diminuer l'effet de surprise par l'ouverture prématurée du feu d'une batterie avant que les autres ne soient prêtes, le commandant a le plus souvent intérêt à se réserver l'ordre de commencer le tir.

On a déjà vu les diverses circonstances qui peuvent influer sur les moyens à employer dans les changements de position. Il est donc inutile d'y revenir.

Dans le cas où le groupe appuie directement une attaque, il est avantageux qu'il puisse exécuter rapidement les ordres reçus même si ces ordres se succèdent à des intervalles de temps relativement très courts. Il semble que, dans ces conditions, il soit essentiel de pouvoir commander les batteries à la voix, ce qui conduit à né pas exagérer leur défilement tout en leur assurant une sécurité suffisante pour remplir leur mission.

La plus grande initiative doit être laissée aux capitaines pour l'exécution des tirs, de façon à leur permettre de saisir les occasions favorables qui sont généralement très fugitives.

Dans la défensive, la reconnaissance peut souvent être poussée très loin, presque jusqu'à la minutie, mais il ne faut faire occuper les emplacements qu'au dernier moment, sauf pour les batteries destinées à tirer loin. Dans tous les cas, les batteries ne doivent ouvrir le feu que par ordre, afin d'éviter de renseigner trop tôt l'ennemi sur les dispositions prises contre lui.

II. — La liaison des armes.

Lorsqu'un groupement de batteries est chargé d'appuyer directement une attaque, le chef de ce groupement doit s'entourer de toutes les garanties possibles pour bien remplir sa mission. S'il pouvait, en particulier, connaître les dispositions prises par l'ennemi et celles que projette le chef de l'infanterie amie qui prononce l'attaque, il est clair qu'il serait dans des conditions idéales de succès. Or, s'il lui est difficile de connaître les premières, il lui est, en général, facile de se renseigner sur les secondes : il lui suffit d'aller trouver ce chef de l'infanterie (1) et de se tenir ensuite constamment en liaison avec lui au moyen d'agents de liaison (officiers ou gradés) et, éventuellement, de signaleurs. Ces liaisons sont parfois difficiles à assurer, ou du moins elles n'assurent souvent la transmission des renseignements qu'avec un long retard, mais, le plus souvent, elles rendent des services considérables. Il est d'ailleurs réglementaire de les établir, bien qu'il faille pouvoir s'en passer quand elles sont malheureusement en défaut.

Pour fixer les idées, supposons qu'un groupe A

____

(1) « Cette entente préalable entre les exécutants est la base de la liaison. »

soit chargé par le commandant de l'artillerie d'appuyer directement l'attaque du village V, que le colonel d'infanterie I... a reçu l'ordre d'enlever. Le commandant de groupe se rend auprès du colonel I... et lui fait connaître la mission qu'il a reçue.

Le colonel I... lui fait part de la façon dont il compte diriger son attaque. Il va, par exemple, attaquer V... par l'ouest. Si le commandant A... éprouve des difficultés pour appuyer l'attaque de ce côté, il peut en faire part au colonel I... qui juge s'il doit, ou non, en tenir compte. Mais une fois que le colonel I... a choisi le point d'attaque, il appartient au commandant A... d'appuyer l'attaque là où elle se produit et non là où il aurait préféré la voir se produire. En cas d'impossibilité seulement, le commandant A... en prévient le colonel I... et en rend compte à son chef hiérarchique pour qu'il prenne d'autres dispositions comme, par exemple, la substitution d'un autre groupe mieux placé.

Dans tous les cas, il y a « subordination » de la mission du groupe à celle de l'infanterie, mais les liens hiérarchiques normaux ne sont pas rompus. Il n'y aurait d'ailleurs aucun avantage et de sérieux inconvénients à les rompre. Il n'y aurait aucun avantage, puisque le commandant du groupe est au courant de ce que fait l'infanterie et qu'il agit en conséquence. Il ne ferait pas davantage en étant sous les ordres directs du colonel I..., à moins qu'il ne soit pas pénétré du désir de remplir sa mission coûte que coûte ou qu'il soit complètement ignorant de ses fonctions au combat. Le Règlement du 8 septembre 1910 n'a pas voulu admettre ces hypothèses gratuites.

D'ailleurs, s'il y avait rupture des liens hiérarchiques normaux, des inconvénients sérieux pourraient en résulter, puisque ces liens hiérarchiques ont été précisément créés pour assurer la coordination des efforts Quoi qu'il en soit, discuter le Règlement serait sortir du cadre de cet ouvrage qui est avant tout une étude d'application des principes réglementaires.

Mais, il n'y a pas de règle sans exception, et il est bien entendu que si le colonel I... est chargé d'une mission particulière plus ou moins rattachée aux opérations de l'ensemble de la division, il y a tout avantage à mettre sous ses ordres le commandant A...; les liens hiérarchiques normaux ne sont plus utiles dans ce cas, puisqu'ils ne peuvent faire sentir leur action et qu'en réalité ils sont remplacés par ceux qui émanent du colonel I... La subordination complète doit alors être « explicitement indiquée par le commandement ». Il faut éviter, en particulier, d'employer des expressions qui prêtent à confusion comme celle de « mis à la disposition »; il faut que le commandement dise au colonel I... : « Tel groupe de batterie est mis provisoirement sous vos ordres pour telle mission », s'il doit y avoir subordination complète, ou seulement : « tel groupe est chargé d'appuyer votre attaque », s'il ne doit y avoir que subordination de mission.

Dans le cas où la subordination est complète, le commandant A... remplit les fonctions de commandant de l'artillerie.

III. — Opérations de nuit.

Les opérations de nuit consistent, pour l'artillerie, à marcher, à occuper des positions, généralement reconnues de jour et, rarement, à tirer.

L'instruction du groupe ne comporte pas, sur ces points, de recommandations particulières ; elle s'acquiert en faisant effectuer au groupe au moins une manœuvre de nuit avant les écoles à feu et les grandes manœuvres.

IV. — Opérations dans le groupe après la bataille.

Après la bataille, le groupe cantonne ou bivouaque : au moins un exercice sur chacun de ces deux modes de stationnement s'impose avant le départ pour les écoles à feu et les grandes manœuvres.

Le train régimentaire doit y fonctionner au moins une fois.

Il n'y a qu'à observer les prescriptions du Règlement, après s'être assuré, avant les séances, qu'elles sont bien connues du personnel.

Enfin il convient de montrer aux officiers et gradés un jeu complet des situations et rapports à fournir [situation journalière de prise d'armes, situation-rapport des cinq jours, rapport relatif aux faits de guerre de la journée, à la conduite du personnel, aux pertes en hommes et en chevaux, à la consommation des munitions, etc., ainsi que les états divers (état des pertes, état des prisonniers faits, état de situation des munitions des batteries, etc)].

CONCLUSIONS

Après avoir parcouru le cycle des exercices nécessaires à la bonne préparation à la guerre d'un groupe de batteries, on constate que le rôle du chef d'escadron a acquis, de nos jours, plus d'importance qu'on ne lui en accordait autrefois. Il ne faut pas se dissimuler cependant que, sur le champ de bataille, les questions se présenteront souvent plus simplement qu'autour des petites garnisons.

Les groupes, *à l'exception du groupe d'avant-garde*, auront rarement à échelonner leurs batteries sur une profondeur notable, car ils seront le plus souvent employés tout entiers contre le même objectif, une artillerie, un point d'appui, etc.

De plus, certaines difficultés qui se présentent, pour un *groupe isolé*, même si ses batteries ont la même mission, disparaissent quand on envisage l'engagement dans la bataille des très grosses unités comme les corps d'armée encadrés. Le commandement peut alors, en effet, choisir le groupe le mieux placé pour accomplir une mission déterminée et même faire appel dans ce but aux groupes non encore employés ou devenus disponibles de l'artillerie de corps. C'est pour cela que, dans les exercices du temps de paix, il ne faut pas craindre d'étudier souvent les problèmes d'artillerie dans le cadre de la bataille, au lieu de n'envisager que celui des petits détachements.

Malgré ces simplifications auxquelles on peut s'attendre, la tâche du commandant de groupe sur le champ de bataille sera encore des plus ardues. Aussi convient-il de la lui faciliter autant qu'il est possible. Il faudrait, en particulier, le mettre à même de pouvoir faire sa reconnaissance pendant la marche d'approche des batteries de façon que celles-ci puissent ouvrir le feu, sans temps d'arrêt, dès leur arrivée sur la position.

On a vu que ce résultat peut être atteint, d'une part, en faisant marcher le personnel de reconnaissance de chaque groupe assez loin en avant des pièces et des caissons, d'autre part en n'hésitant jamais à appeler ce personnel dès que l'engagement du groupe est prévu. Avec le matériel de Bange de 90^{mm}, qui se déployait sur les crêtes, le personnel de reconnaissance pouvait, sans inconvénient et même avec avantage pour la discipline, marcher à hauteur des voitures. Il doit en être autrement aujourd'hui si l'on veut tirer tout le parti possible des matériels à tir rapide. Il est notamment de toute nécessité de prévoir pour ce personnel une place spéciale dans les colonnes.

Par exemple, dans une division dont les éléments seraient placés comme l'indique le schéma du n° 806 de l'*Aide-mémoire de l'officier d'état-major en campagne*, le personnel de reconnaissance du 1er groupe pourrait marcher immédiatement derrière le bataillon de tête d'avant-garde, celui du 2e groupe à un kilomètre en avant du gros et celui du 3e groupe immédiatement derrière les voitures du premier groupe. Une longueur de 50 mètres par reconnaissance de groupe serait ainsi à ménager dans la colonne aux endroits qui viennent d'être indiqués. Si ces dispositions étaient mises en pratique, le personnel de reconnaissance du 1er groupe aurait une avance de 1.500 mètres sur ses canons, celui du 2e groupe également, et celui du 3e groupe, 1.000 mètres. Dès lors, en appelant les reconnaissances lorsqu'elles sont encore à 3 kilomètres environ de la position, les canons pourraient être généralement mis en batterie sans arrêt et, si un arrêt était inévitable, il serait réduit au minimum.

Des dispositions analogues pourraient être prises dans la formation du corps d'armée en une seule colonne.

Mais il faut chercher aussi à diminuer la durée de la reconnaissance technique du chef d'escadron.

C'est dans ce but que nous avons, pour la première fois, fait ressortir la nécessité pour le commandant de groupe d'employer des procédés plus rapides que précis, laissant aux capitaines le soin d'améliorer, par des procédés plus méthodiques, les premiers résultats obtenus.

C'est dans le même ordre d'idées que nous avons établi des règles simples qui jusqu'ici faisaient défaut pour le choix des observatoires et l'utilisation des échelles réglementaires dont nous disposons depuis un an.

Pour le problème du couvert, aussi bien que pour celui du masque, nous avons toujours comparé l'angle de site du sommet de ce couvert ou de ce masque à l'angle de site du projectile supposé vu à la même distance. Cette méthode, que nous avions indiquée *dès* 1903, présente mieux que toute autre, en effet, l'avantage de parler aux yeux et, par suite, de faciliter la solution des problèmes *sur le terrain*. D'ailleurs, l'angle de site du projectile se calcule très facilement par la règle que nous avons dénommée « Règle du 1/4 et de l'O », pour la rendre inoubliable, même des gradés subalternes (1). Cette règle est en outre très générale et aussi exacte qu'il convient pour le problème à résoudre. Enfin, elle laisse une bonne marge de sécurité.

Nous avons dû aussi combler une lacune qui existait jusqu'ici, pour résoudre le problème du masque dans le cas où ce masque se trouve sur une pente, cas très fréquent dans certaines régions.

Nous avons complété également la solution déjà connue du problème de la recherche de la limite de la zone des grands défilements en considérant le cas où la longueur de la pente est inférieure à la distance à laquelle il faudrait reculer en arrière de la crête pour trouver cette limite.

L'utilisation de la zone des grands défilements est encore, d'ailleurs, très discutée. Evidemment, elle n'est pas sanctionnée par l'expérience d'une

----

(1) Un soldat en tenue de campagne a toujours sur lui un quart et, autant que possible, de l'eau dans son bidon.

L'angle de site à l'aplomb d'un masque ou d'un couvert s'obtient en prenant *le quart* de la distance en hectomètres à laquelle on veut tirer au delà de ce masque ou couvert et en multipliant le résultat par 10 ce qui se fait en ajoutant O (*eau*).

Exemple : si l'on veut tirer à 2.800 mètres *au delà* d'un masque ou couvert, l'angle de site du projectile à l'aplomb de ce masque ou couvert est de 70 millièmes.

guerre, mais ce n'est pas une raison pour l'écarter *à priori*, et, puisqu'elle peut s'imposer, il faut au contraire l'étudier sans aller pour cela jusqu'à la rechercher systématiquement. Nous espérons avoir convaincu le lecteur de cette nécessité.

Une autre nécessité qui doit ressortir de notre étude est celle d'organiser dans le groupe une sérieuse discipline de manœuvre en précisant bien à chacun le but à atteindre ainsi que le rôle qu'i doit remplir et la place qu'il doit occuper.

Sans ces précautions indispensables, il faut s'attendre à voir commettre des fautes lourdes et des erreurs irréparables.

Enfin, si l'on peut penser, comme nous l'avons fait remarquer plus haut, que certaines difficultés du temps de paix disparaîtront souvent à la guerre, il est prudent de les avoir quelquefois surmontées si l'on ne veut jamais être surpris.

C'est en observant de tels principes que l'artillerie française sera toujours à hauteur de sa tâche dont l'accomplissement exige de ses officiers de tous grades et surtout des officiers supérieurs, un coup d'œil du terrain parfaitement exercé, un sens tactique développé, une décision prompte, un instinct manœuvrier et enfin le calme, le sang-froid et la bonne vue indispensables aux bons tireurs.

ANNEXE I

Table de tir en millièmes de l'obus à balles de 75.

DISTANCES	ANGLES DE TIR EN MILLIÈMES	DISTANCES	ANGLES DE TIR EN MILLIÈMES
100...	0	3.400...	100
200...	2	3.500...	104
300...	4	3.600...	108
400...	6	3.700...	112
500...	8	3.800...	117
600...	10	3.900...	122
700...	12	4.000..	127
800...	14	4.100...	132
900...	16	4.200...	137
1.000..	18	4.300...	142
1.100...	20	4.400...	147
1.200...	23	4.500...	152
1.300...	26	4.600...	157
1.400...	29	4.700...	162
1.500...	32	4.800...	168
1.600...	35	4.900...	174
1.700...	38	5.000..	180
1.800...	41	5.100...	186
1.900...	44	5.200...	192
2.000..	47	5.300...	198
2.100...	50	5.400...	204
2.200...	53	5.500...	210
2.300...	56	5.600...	217
2.400...	60	5.700...	224
2.500...	64	5.800...	231
2.600...	68	5.900...	238
2.700...	72	6.000..	245
2.800...	76	6.100...	252
2.900...	80	6.200...	260
3.000..	84	6.300...	268
3.100...	88	6.400...	276
3.200...	92	6.500...	285
3.300...	96		

PARIS ET LIMOGES. — IMP. ET LIBR. MILIT. CHARLES-LAVAUZELLE.